国家电网有限公司
STATE GRID
CORPORATION OF CHINA

国家电网有限公司
技能人员专业培训教材

配电带电作业

国家电网有限公司 组编

U0261514

中国电力出版社
CHINA ELECTRIC POWER PRESS

图书在版编目（CIP）数据

配电带电作业 / 国家电网有限公司组编. —北京：中国电力出版社，2020.7 （2025.5 重印）
国家电网有限公司技能人员专业培训教材
ISBN 978-7-5198-4487-5

Ⅰ.①配… Ⅱ.①国… Ⅲ.①配电线路–带电作业–技术培训–教材 Ⅳ.①TM726

中国版本图书馆 CIP 数据核字（2020）第 044678 号

出版发行：中国电力出版社
地　　址：北京市东城区北京站西街 19 号（邮政编码 100005）
网　　址：http://www.cepp.sgcc.com.cn
责任编辑：邓慧都（010-63412636）
责任校对：黄　蓓　马　宁
装帧设计：郝晓燕　赵姗姗
责任印制：石　雷

印　　刷：廊坊市文峰档案印务有限公司
版　　次：2020 年 7 月第一版
印　　次：2025 年 5 月北京第六次印刷
开　　本：710 毫米×980 毫米　16 开本
印　　张：13.5
字　　数：261 千字
印　　数：4801—5800 册
定　　价：40.00 元

本书编委会

国家电网有限公司
技能人员专业培训教材　配电带电作业

前　言

为贯彻落实国家终身职业技能培训要求，全面加强国家电网有限公司新时代高技能人才队伍建设工作，有效提升技能人员岗位能力培训工作的针对性、有效性和规范性，加快建设一支纪律严明、素质优良、技艺精湛的高技能人才队伍，为建设具有中国特色国际领先的能源互联网企业提供强有力人才支撑，国家电网有限公司人力资源部组织公司系统技术技能专家，在《国家电网公司生产技能人员职业能力培训专用教材》（2010 年版）基础上，结合新理论、新技术、新方法、新设备，采用模块化结构，修编完成覆盖输电、变电、配电、营销、调度等 50 余个专业的培训教材。

本套专业培训教材是以各岗位小类的岗位能力培训规范为指导，以国家、行业及公司发布的法律法规、规章制度、规程规范、技术标准等为依据，以岗位能力提升、贴近工作实际为目的，以模块化教材为特点，语言简练、通俗易懂，专业术语完整准确，适用于培训教学、员工自学、资源开发等，也可作为相关大专院校教学参考书。

本书为《配电带电作业》分册，由胡林宝、何晓亮、罗强、张洋、曹爱民、战杰、高澈、杜森编写。在出版过程中，参与编写和审定的专家们以高度的责任感和严谨的作风，几易其稿，多次修订才最终定稿。在本套培训教材即将出版之际，谨向所有参与和支持本书籍出版的专家表示衷心的感谢！

由于编写人员水平有限，书中难免有错误和不足之处，敬请广大读者批评指正。

目 录

第二部分　带电作业第三、四类作业法

第三部分　综合不停电作业法

第一部分

带电作业第一、二类作业法

第一章

绝缘杆作业法断接直线支接线路引线

▲ 模块1　绝缘杆作业法断、接直线支接线路引线
（Z58E1001 I）

【模块描述】本模块包含绝缘杆作业法断、接直线支接线路引线工作程序及相关安全注意事项等内容。通过操作过程、安全注意事项的详细分析介绍，和模拟线路操作技能训练，使培训学员达到以下目标：了解绝缘杆作业法断、接直线支接线路引线引作业中的危险点预控；掌握绝缘杆作业法断、接直线支接线路引线作业的操作技能；掌握绝缘杆作业法断、接直线支接线路引线的工艺标准和质量要求。

【模块内容】

一、作业内容

本模块主要讲述绝缘杆作业法采用并沟线夹拆装杆断、接 10kV 架空配电线路（单回路三角排列）直线支接杆引线，该引线与主导线固结的器件采用并沟线夹。

二、作业方法

本模块主要介绍采取脚扣和升降板登杆进行的绝缘杆作业法。

1. 断（拆）引线

主要介绍并沟线夹搭接的引线的拆除方法，引线如采用安普线夹、或绝缘穿刺线夹搭接，拆引线则必须用其他的专用工具，在此不再赘述。当引线运行时间较长，运行环境又较差时，并沟线夹搭接部位往往有锈蚀现象，较难拆卸，作业时间较长，劳动强度相对较大。并沟线夹一般均侧向安装，需要专用操作杆——"并沟线夹装拆杆"来拆除引线，示意图如图 1-1-1 所示。

2. 接引线

乡村 10kV 配电线路较多采用裸导线，使用并沟线夹法较多，搭接引线示意图如图 1-1-2 所示。

图 1-1-1　并沟线夹装拆杆拆卸并沟线夹示意图　　图 1-1-2　并沟线夹法搭接引线示意图

三、作业前准备

（一）作业条件

本作业应在良好天气下进行，如遇雷电（听见雷声、看见闪电）、雪、雹、雨、雾、空气相对湿度超过 80%，风力大于 5 级（10m/s）时，一般不宜进行作业。

（二）人员组成

本作业项目作业人员应由具备带电作业资格并审验合格的工作人员所组成，本作业项目共计 4 名。其中工作负责人 1 名（监护人）、杆上电工 2 名、地面电工 1 名。

（三）工器具及仪器仪表准备

1. 断（拆）引线所需主要工器具及仪器仪表（见表 1-1-1）

表 1-1-1　　　　　　　　工 器 具 及 仪 器 仪 表

序号	名称	型号及规格	单位	数量	备注
1	绝缘安全帽		顶	2	
2	绝缘手套		副	2	
3	导线绝缘遮蔽罩		只	若干	
4	绝缘吊绳		根	1	
5	绝缘锁杆		副	1	夹持引线用
6	并沟线夹装拆杆		副	1	拆卸并沟线夹的专用操作杆（见图 1-1-3）  图 1-1-3　拆卸并沟线夹的专用操作杆

序号	名称	型号及规格	单位	数量	备注
7	线夹夹持杆		副	1	防止并沟线夹拆卸后脱落，造成高空落物，在拆卸并沟线夹时需使用线夹夹持杆夹住线夹
8	遮蔽罩安装杆		副	1	用来将导线绝缘遮蔽罩设置在架空线上，或从架空线上将导线绝缘遮蔽罩取下来

注　已略去配电线路带电作业常备的工器具（如绝缘电阻测量仪表）、登杆工具和材料等。

2. 搭接引线所需主要工器具及仪器仪表（见表 1-1-2）

表 1-1-2　　　　并沟线夹法搭接引线所需工器具及仪器仪表

序号	名称	型号及规格	单位	数量	备注
1	绝缘安全帽		顶	2	
2	绝缘手套		副	2	
3	导线绝缘遮蔽罩		只	若干	
4	绝缘吊绳		根	1	
5	绝缘测距杆		副	1	
6	遮蔽罩安装杆		副	1	
7	导线清洁刷		副	1	
8	线夹操作杆		副	1	
9	绝缘锁杆		副	1	
10	套筒操作杆		副	1	
11	绝缘柄扳手		把	1	
12	剥线钳		把	1	
13	压接钳		把	1	
14	断线钳		把	1	
15	并沟线夹		6	只	
16	绝缘导线		m	若干	
17	铜铝接头		只	3	

（四）作业流程图

1. 断（拆）支接线路引线作业流程图（见图 1-1-4）

图 1-1-4　断（拆）支接线路引线杆上操作流程图

2. 接支接线路引线作业流程图（见图 1-1-5）

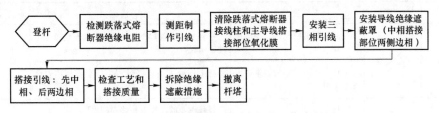

图 1-1-5 搭接支接线路引线杆上工作流程图

四、危险点分析及控制措施

影响到断（拆）、搭接引作业的危险点及控制措施基本相同（见表 1-1-3）。

表 1-1-3   危险点分析及控制措施

序号	防范类型	危险点	控制措施	备注
1	触电	分支线路倒送电，杆上工作人员站位较高碰触分支线路	1）工作前，应确认分支线有防倒送电措施（如分支线应挂设接地线）； 2）如有同杆架设的低压线路，应确认低压线已采取停电、接地措施	
		气象条件不符合规程要求，引起绝缘工器具表面泄漏电流增大	遇到天气突然变化，工作负责人应立即命令杆上作业人员停止作业，并恢复线路装置状态	
		绝缘工器具不合格，作业时绝缘工器具表面泄漏电流增大；在接引线工作时，由于跌落式熔断器绝缘损坏，泄漏电流过大或导致相对地短路	1）出库时检查试验标签应在试验周期内； 2）现场作业前对绝缘工器具进行表面检查和表面绝缘电阻检测； 3）作业时必须使用绝缘手套，而且绝缘手套仅作辅助绝缘； 4）在接引线工作前应确认跌落式熔断器绝缘完好，上下接线板间应≥300MΩ，上、下接线板与安装板之间应≥150MΩ	
		带负荷断、接引线，电弧灼伤工作人员	到达现场后，应首先确认支线开关如跌落式熔断器已断开，熔管已取下	
		作业时，安全距离不足引起触电	1）作业时，作业工具最小有效绝缘长度应大于等于 0.7m； 2）人身与带电作业体的安全距离不得小于0.4m，不能满足以上距离时，应采用绝缘遮蔽、隔离措施； 3）为避免引起相间短路和相对地短路，先拆两边相的引线，再拆中间相引线； 4）在断（拆）、接中间相引线时为避免引线脱落同时碰触边相导线和电杆或横担，从而导致相对地短路，应先在边相导线上设置导线绝缘遮蔽罩； 5）线路停电仍然当作有电处理	
		过电压	禁止在有雷电活动（听见雷声、看见闪电）时进行作业，在以电缆为主的城市 10kV 配电网络的架空线路上进行作业，作业前应联系调度停用线路重合闸	

续表

序号	防范类型	危险点	控制措施	备注
2	高空坠落	登高工具有损伤，或超出试验周期	登杆前，检查脚扣（登高板）和安全带并作冲击试验	
		登杆、作业时不按要求使用安全工具	杆上作业人员登杆过程中应全程使用安全带	
3	意外打击	倒杆	登杆作业前，检查拉线和杆根	
		高空落物	上下传递工器具吊绳应捆绑牢固；拆引线时，动作幅度要小，避免线夹、螺杆等掉落。正确穿戴安全帽、现场围好围栏并做好警示标志	

五、操作过程

（一）断支接线路引线

1. 现场操作前的准备

（1）工作负责人应按带电作业工作票内容与当值调度员联系。

（2）工作负责人核对线路名称、杆号。

（3）工作前工作负责人检查支接线路是空载线路，并符合带电断引线条件。

（4）根据道路情况设置安全围栏、警告标志或路障。

（5）工作负责人召集工作人员交代工作任务，对工作班成员进行危险点告知、交代安全措施和技术措施，确认每一个工作班成员都已知晓，检查工作班成员精神状态是否良好，人员是否合适。

（6）根据分工情况整理材料，对安全用具、绝缘工具进行检查，绝缘工具应使用绝缘检测仪进行分段绝缘检测，绝缘电阻值不低于 $700M\Omega$（在出库前如已测试过的可省去现场测试步骤）。

（7）杆上电工登杆前，应先检查电杆基础及电杆表面质量符合要求，并进行试登试拉，检查登杆工具。

2. 操作步骤

（1）杆上作业人员携带绝缘吊绳登杆至合适位置。

（2）地面作业人员使用绝缘吊绳将绝缘锁杆、并沟线夹装拆杆等传递给杆上作业人员。

（3）杆上 2 号电工用绝缘锁杆锁住边相引线。绝缘锁杆的有效绝缘长度大于等于 0.7m，且应注意作业中绝缘锁杆是否会与跌落式熔断器上接线板碰触，如是，则绝缘锁杆的绝缘有效长度应从跌落式熔断器上接线板与绝缘锁杆可能碰触的部位算起到手持部位的距离大于等于 0.7m。

（4）杆上 1 号电工用并沟线夹装拆杆拆卸并沟线夹。并沟线夹装拆杆的有效绝缘长度的注意事项同上。

注意：杆上作业人员站位要合适，配合要密切，要注意防止线夹和螺杆脱落造成高空落物，在线夹螺杆全部松下之前可用线夹夹持工具夹住线夹。

（5）按照上述方法拆卸另一边相引线。

（6）地面作业人员使用绝缘吊绳将安装遮蔽罩绝缘杆和导线绝缘遮蔽罩传递给杆上作业人员。

（7）杆上作业人员将导线绝缘遮蔽罩设置在中间相引线两侧的主导线上。每侧主导线上的遮蔽应有足够长度，遮蔽材料接合部分的重叠距离应大于等于 15cm。设置绝缘遮蔽、隔离措施时应遵循"从近到远、从下到上、先大后小"的原则。

（8）杆上作业人员拆除中间相引线。引线在向下移动过程中应防止与电杆、构件等碰触，且要保持一定距离，以防引起相对地短路。

（9）杆上作业人员由远到近撤除导线绝缘遮蔽罩。撤除绝缘遮蔽、隔离措施时应遵循"从远到远、从上到下、先小后大"的原则。

（10）检查完毕，杆上作业人员撤离杆塔返回地面。

（二）接支接线路引线

1. 现场操作前的准备

（1）工作负责人应按带电作业工作票内容与当值调度员联系。

（2）工作负责人核对线路名称、杆号。

（3）工作前工作负责人检查支接线路是空载线路，并符合带电断引线条件。

（4）根据道路情况设置安全围栏、警告标志或路障。

（5）工作负责人召集工作人员交代工作任务，对工作班成员进行危险点告知、交代安全措施和技术措施，确认每一个工作班成员都已知晓，检查工作班成员精神状态是否良好，人员是否合适。

（6）根据分工情况整理材料，对安全用具、绝缘工具进行检查，绝缘工具应使用绝缘检测仪进行分段绝缘检测，绝缘电阻值不低于 700MΩ（在出库前如已测试过的可省去现场测试步骤）。

（7）杆上电工登杆前，应先检查电杆基础及电杆表面质量符合要求，并进行试登试拉，检查登杆工具。

2. 操作步骤

（1）杆上作业人员携带绝缘吊绳登杆至合适位置。

（2）地面作业人员使用绝缘吊绳将绝缘测距杆传递给杆上作业人员。

（3）杆上作业人员依次检查三相跌落式熔断器的绝缘电阻是否符合要求，如不符合要求则更换新的完好的跌落式熔断器。

（4）杆上作业人员使用绝缘测距杆测量引线需要的长度，并由地面作业人员制作三相引线并圈好。

（5）地面作业人员使用绝缘吊绳将三相引线传递给杆上作业人员，杆上作业人员将引线安装到跌落式熔断器上桩头。

注意：杆上作业人员安装引线时，必须注意站位的高度，引线对导体的安全距离保持大于等于 0.4m。

（6）地面作业人员使用绝缘吊绳将遮蔽罩安装杆、导线绝缘遮蔽罩传递给杆上作业人员。

（7）杆上作业人员将导线绝缘遮蔽罩安装在中间相引线两侧的主导线上。

注意：每侧主导线上的遮蔽应有足够长度，遮蔽物之间的重叠距离应大于等于15cm。

（8）地面作业人员使用绝缘吊绳将（绝缘杆）导线清洁刷传递给杆上作业人员，杆上作业人员清洁主导线的引线搭接部位氧化膜。

（9）地面作业人员使用绝缘吊绳将锁杆、线夹操作杆、套筒操作杆传递给杆上作业人员。

（10）杆上作业人员用锁杆依次锁住三相引线试搭，调整引线的长度。试搭顺序为先边相，最后中间相。

（11）杆上作业人员使用线夹操作杆将并沟线夹传送到中间相主导线搭接位置上，将主导线放入并沟线夹槽内。然后用锁杆锁住中间相引线，并调整引线搭接部位的部分导体的角度后，将引线放入到并沟线夹的另一槽。最后使用套筒操作杆紧固并沟线夹的螺栓，检查搭接质量后调整引线。引线露出并沟线夹的长度不得大于5cm。

（12）杆上作业人员用遮蔽罩安装杆取下两边相主导线上的导线绝缘遮蔽罩，并传递到地面。

（13）杆上作业人员按照搭接中间相引线的方法依次搭接另两相的引线。

（14）检查完毕，杆上作业人员撤离杆塔返回地面。

六、其他作业方法

绝缘杆作业法断、接支接线路引线根据现场对运行和各地区工艺要求的不同还有其他多种方式，各有特点。

1. 其他绝缘杆作业法断直线支接引线作业方式（见表 1-1-4）

表 1-1-4　　　　　　　绝缘杆作业法断直线支接引线常用方法及其特点

序号	引线搭接方式	断引线常用方法	特点
1	缠绕法	将引线和线路主导线连接的绑扎线拆开并剪断	速度慢
2	临时线夹	引流线夹法采取临时线夹将引线搭接在主导线上，可以使用临时线夹操作杆拆卸临时线夹	当线夹有锈蚀时较难拆卸，易引起导线较大幅度晃动

有时也可用绝缘剪线杆在搭接部位剪断引线。该方式简便易行、效率高，但会在线路上遗留下线夹和少量引线，必须结合停电检修时将残留物及时拆除。

2. 其他绝缘杆作业法接直线支接引线作业方式（见表 1-1-5）

表 1-1-5　　　　　　　绝缘杆作业法接直线支接引线常用方法及其特点

序号	方式		特点
1	缠绕法	用绕线器使用绑扎线将引线和线路主导线绑扎在一起。当主导线为绝缘导线时，需要将缠绕部位的绝缘皮削去	速度慢。当主导线是绝缘导线时，应做好防水防腐处理。要保证扎线的长度，扎线的材质应与被接导线相同，直径应适宜
2	临时线夹法	临时线夹法采取临时线夹将引线挂接在主导线上。当主导线为绝缘导线时，需要将缠绕部位的绝缘皮削去	简便易行、效率高。但一般只适用于负荷电流小的临时用户。当主导线是绝缘导线时，应做好防水防腐处理
3	绝缘线刺穿线夹法	用绝缘刺穿线夹装拆杆将绝缘线刺穿线夹安装在主导线和引线上，绝缘刺穿线夹一槽卡住绝缘导线，另一槽卡住绝缘引线，用绝缘套筒扳手操作杆紧固	简便易行、效率高，但会在线路上遗留下线夹和少量引线。绝缘导线的防水防腐效果较好。应注意应选用适合与主导线和引线线径的穿刺线夹，并且要拧断力矩螺母的螺帽盖以保证接触良好

当绝缘导线上采用并沟线夹、临时线夹或缠绕法接引线时，需要剥去绝缘导线接引线位置的绝缘层。采用间接作业法对绝缘导线进行剥皮需要专用的工器具。

需要注意的是：剥除绝缘导线的绝缘层时不要伤及导线，接引后必须使用 3M 胶带对主导线绝缘破损处进行缠绕包扎作防水防腐处理。

【思考与练习】

（1）绝缘杆现场操作前的准备有哪些？

（2）进行 10kV 配电线路间接作业法带电作业，是否需要停用作业线路的重合闸？

（3）进行 10kV 配电线路间接作业法带电作业，是否需要停用作业线路的重合闸？

（4）针对三角排列单回路装置，绝缘杆作业法断引线作业中应采取怎样的遮蔽隔离措施，有何具体作用？

第二章

绝缘杆作业法更换避雷器

◢ 模块1 绝缘杆作业法更换避雷器（Z58E2001Ⅱ）

【模块描述】本模块包含绝缘杆作业法带电更换避雷器工作程序及相关安全注意事项等内容。通过操作过程、安全注意事项的详细分析介绍，和模拟线路操作技能训练，了解绝缘杆作业法带电更换避雷器作业中的危险点预控；掌握绝缘杆作业法带电更换避雷器作业的操作技能；掌握绝缘杆作业法带电更换避雷器的工艺标准和质量要求。

【模块内容】

一、作业内容

本模块主要讲述绝缘杆作业法更换避雷器。

二、作业方法

本模块主要介绍采取脚扣绝缘杆作业法。

绝缘杆作业法更换避雷器作业简单，安全系数较高，避雷器是常用设备，在常规配网带电作业中占有一定的比例。由于各地配电线路选型的不同，导线排列方式、线间距离、导线连接方式区别很大，工器具也形式多样，所以做法不尽相同。各地可根据实际情况因地制宜，有针对性地借鉴以下方法，切忌生搬硬套。

三、作业前准备

（一）作业条件

本作业应在良好天气下进行，如遇雷电（听见雷声、看见闪电）、雪、雹、雨、雾、空气相对湿度超过80%，风力大于5级（10m/s）时，一般不宜进行作业。

（二）人员组成

本作业项目作业人员应由具备带电作业资格并审验合格的工作人员所组成，本作业项目共计4名。其中工作负责人1名（监护人）、杆上电工2名、地面电工1名。

（三）主要工器具及仪器仪表准备

绝缘杆作业法更换避雷器主要工器具及仪器仪表见表2-1-1。

表 2-1-1　　　　　　　　　工 器 具 及 仪 器 仪 表

序号	名称	型号及规格	单位	数量	备注
1	安全防护用具		套	2	绝缘袖套，绝缘衣，绝缘手套等，视工作需要，机械及电气强度满足安规要求，周期预防性检查性试验合格
2	绝缘遮蔽工具		块	若干	绝缘毯，绝缘挡板，绝缘导线罩，绝缘横担等，视工作需要，机械及电气强度满足安规要求，周期预防性检查性试验合格
3	绝缘绳		条	若干	5000V 绝缘电阻表进行分段绝缘检测，电阻值应不低于 700MΩ，视工作需要，机械及电气强度满足安规要求，周期预防性检查性试验合格
4	绝缘操作杆		根	若干	5000V 绝缘电阻表进行分段绝缘检测，电阻值应不低于 700MΩ，视工作需要，机械及电气强度满足安规要求，周期预防性检查性试验合格
5	绝缘剪刀		把	1	5000V 绝缘电阻表进行分段绝缘检测，电阻值应不低于 700MΩ，视工作需要，机械及电气强度满足安规要求，周期预防性检查性试验合格
6	5000V 绝缘电阻表		只	1	周期性校验合格
7	苫布		块	1	

（四）作业流程图（见图 2-1-1）

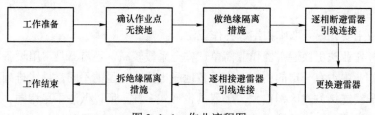

图 2-1-1　作业流程图

四、危险点分析及控制措施（见表 2-1-2）

表 2-1-2　　　　　　　　　危险点分析及控制措施

序号	防范类型	危险点	预防控制措施
1	防触电	人身触电	1）作业过程中，不论线路是否停电，都应始终认为线路有电。 2）确定作业线路重合闸已退出。 3）保持对地最小距离 0.4m，对邻相导线的最小距离 0.6m，绝缘绳索类工具有效绝缘长度不小于 0.4m，绝缘操作杆有效绝缘长度不小于 0.7m。 4）必须天气良好条件下进行

序号	防范类型	危险点	预防控制措施
2	高空坠落	登高工具不合格及不规范使用登高工具	1）杆塔上作业转移时，不得失去安全保护。 2）安全带应高挂低用系在杆塔或牢固的构件上，扣牢扣环。 3）杆塔上作业人员应系好安全带，戴好安全帽。 4）检查安全带应安全完好

五、操作过程

1. 作业前的准备

（1）工作负责人应按带电作业工作票内容与当值调度员联系。

（2）工作负责人核对线路名称、杆号。

（3）工作前工作负责人检查现场实际状态。

（4）根据道路情况设置安全围栏、警告标志或路障。

（5）工作负责人召集工作人员交代工作任务，对工作班成员进行危险点告知、交代安全措施和技术措施，确认每一个工作班成员都已知晓，检查工作班成员精神状态是否良好，人员是否合适。

（6）根据分工情况整理材料，对安全用具、绝缘工具进行检查，绝缘工具应使用2500V绝缘电阻表或绝缘测试仪进行分段绝缘检测，绝缘电阻值不低于700MΩ（在出库前如已测试过的可省去现场测试步骤）。

（7）杆上电工登杆前，应先检查电杆基础及电杆表面质量符合要求，并进行试登试拉，检查登杆工具。

2. 操作步骤

（1）杆上电工登杆至避雷器横担下适当位置，相互配合视情况做绝缘隔离。

（2）杆上电工在工作监护人的许可下用绝缘操作杆将近边相避雷器接线器拆除，避雷器退出运行。

（3）杆上电工相互配合使用绝缘操作杆拆开远边相避雷器上引线，固定尾线。

（4）三相避雷器接线器的拆除，可按由简单到复杂、先易后难的原则进行，先近（内侧）后远（外侧），或根据现场情况先两侧、后中间。

（5）杆上电工相互配合视情况做绝缘隔离，使用绝缘操作杆拆开中相避雷器上引线，固定尾线。

（6）杆上电工在工作监护人的许可下，使用绝缘操作杆将中相避雷器接线器连接至线路，避雷器投入运行。

（7）杆上电工相互配合视情况做绝缘隔离，使用绝缘操作杆搭接远边相避雷器上引线。

（8）杆上电工相互配合视情况做绝缘隔离，使用绝缘操作杆搭接近边相避雷器上引线。

（9）工作结束后作业人员撤除绝缘隔离，返回地面。

【思考与练习】

1. 叙述绝缘杆作业法更换避雷器作业的作业步骤。

2. 绝缘杆作业法更换避雷器作业需要哪些绝缘遮蔽工具？

3. 叙述绝缘杆作业法更换避雷器作业的作业流程图。

▲ 模块 2　编写绝缘杆作业法更换避雷器作业指导书（Z58E2002Ⅲ）

【模块描述】本模块包含绝缘杆作业法更换避雷器原理、现场作业指导书编写要求和带电更换直线绝缘子的基本方法等内容。通过对绝缘杆作业法更换避雷器原理讲解、现场作业指导书编写要求和基本方法等内容的介绍，达到掌握绝缘杆作业法更换避雷器作业指导书编写和作业组织指挥的目的。

【模块内容】

一、绝缘操作杆作业法带电更换避雷器原理

绝缘操作杆作业法更换避雷器作业原理就是通过对作业范围内的带电导线、绝缘子、横担、避雷器进行有效遮蔽，使用绝缘操作杆断避雷器上引线，拆下并更换避雷器，接避雷器上引线，更换避雷器工作结束后，恢复绝缘。

绝缘操作杆作业法带电更换避雷器中，作业人员穿绝缘靴、戴绝缘手套等防护用具，以绝缘操作杆为主绝缘，以绝缘遮蔽罩、绝缘毯、绝缘挡板等绝缘遮蔽措施为辅助绝缘，其作业核心就是对固定在避雷器横担上的避雷器进行带电拆除和装设作业。作业中无论作业人员与接地体或邻相的间隙是否满足安全距离要求，均需对人体可能触及范围内的带电体和接地体进行绝缘遮蔽，必要时还要增加绝缘挡板等限位措施。

二、作业指导书编写要求

配电线路带电作业标准化作业指导书，是对配电线路带电作业全过程控制指导的约束性文件，它针对作业前、作业中和作业后的各个作业环节进行了规范，使作业计划翔实、人员安排妥当、现场勘察清楚、工器具准备齐全、材料准备充足、危险点分析到位、防范措施严密、工艺标准全面，充分体现了现场带电作业全过程、全方位、全员的管理，保证了作业过程处于"能控、在控、可控"状态，以获得最佳秩序与效

果，各作业环节层次分明、连接可靠，各作业内容细化、量化和标准化，做到作业闭环管理、作业有程序、安全有措施、质量有标准、考核有依据。具体在编写标准化作业指导书时，应重点注意以下几点要求：

（1）指导书编写人员必须参加现场勘察，主要包括查明作业范围、核对杆名、杆号；查看作业杆塔周边环境、杆塔结构形式、电气关系（相序、分歧、回路排列、相邻线路、交叉跨越、绝缘配置）、导线型号、导线损伤情况、杆塔运行工况等。如绝缘手套作业法带电更换避雷器作业中，必须明确作业点两端交叉跨越情况，直线杆结构形式，导线型号，导线是否受损等内容。

（2）根据杆塔、线路运行工况，现场环境等确定带电作业方法，设计作业步骤，明确工艺标准，确定危险点控制和安全防范措施及注意事项。如确定垂直荷载不超过绝缘操作杆小吊机作业状态的额定值。

（3）根据作业内容合理安排带电作业人员，应安排工作经验丰富的作业人员担任工作负责人，并配备足够的工作班成员。

（4）根据作业内容配备工器具、材料，注意选用的工器具和使用的材料规格要与现场设备相符，使用的绝缘工器具应满足安规要求。

（5）针对现场实际情况和作业方法进行危险点分析，特别关注导线损伤、杆塔结构失稳，构件严重变形、绝缘配置损坏等情况并制定相应的防范措施，危险点分析要考虑作业全过程，防范措施要体现对设备及人员行为的全过程预控。

（6）根据现场实际情况必要时应补充特殊的安全技术措施。如标准化指导书在执行过程中，发现不切合实际、与相关图纸及有关规定不符等情况，应立即停止工作。作业负责人根据现场实际情况及时修改指导书，履行审批手续并做好记录后，按修改后的标准化指导书继续工作。

（7）在编写标准化作业指导书时，还要使其语言标准化，其原则是：语言简练、通俗易懂、避免口语、语法严谨、标点正确。

三、标准化作业指导书编写

标准化作业指导书可依据《国家电网公司现场标准化作业指导书编制导则》中规定的格式与要求而进行，一般由封面、作业前准备（包括1份现场勘察记录）、流程图、作业程序和工艺标准（包括危险点和控制措施）、验收记录等组成，结合现场实际情况与需要可作适当的删减与合并。

以下为绝缘手套作业法带电更换避雷器标准化作业指导书的编写示例。标准化作业指导书封面如图2-2-1所示。

```
                                              编号：Q/×××

        绝缘操作杆作业法带电更换避雷器作业指导书


               批准：＿＿×××＿＿ ×年×月×日
               审核：＿＿×××＿＿ ×年×月×日
               编写：＿＿×××＿ ×年×月×日
               作业负责人：＿×××＿
          作业时间：×年×月×日×时至×年×月×日×时
                   ××供电公司×××
```

图 2-2-1　标准化作业指导书封面

1. 范围

本标准化作业指导书规定了绝缘杆作业法更换避雷器标准化作业的检修前准备、检修流程图、检修程序与作业标准、检修记录和验收和等要求。

本标准化作业指导书适用于绝缘杆作业法更换避雷器标准化作业。

2. 规范性引用文件

下列文件对于本文件的应用是必不可少的。凡是注日期的引用文件，仅所注日期的版本适用于本文件。凡是不注日期的引用文件，其最新版本（包括所有的修改单）适用于本文件。

GB 12168　带电作业用遮蔽罩

GB 13035　带电作业用绝缘绳索

GB 13398　带电作业用空心绝缘管、泡沫填充绝缘管和实心绝缘棒

GB 17620　带电作业用绝缘硬梯通用技术条件

GB 17622　带电作业用绝缘手套通用技术条件

GB 50173　电气装置安装工程 35kV 及以下架空电力线路施工及验收规范

GB/T 2900.55—2002　电工术语带电作业

GB/T 14286—2002　带电作业工具设备术语

GB/T 18857　配电线路带电作业技术导则

DL/T 778　带电作业用绝缘袖套

DL 779　带电作业用绝缘绳索类工具

DL/T 803　带电作业用绝缘毯

DL/T 880　带电作业用导线软质遮蔽罩

DL/T 1125　10kV 带电作业用绝缘服装

Q/GDW 519　国家电网公司配电网运行规程

Q/GDW 520　国家电网公司带电作业管理规范

国家电网安监〔2009〕664 号　国家电网公司电力安全工作规程（电力线路部分）

国家电网生〔2007〕751 号　国家电网公司带电作业工作管理规定（试行）

3. 作业前准备

（1）准备工作安排。根据工作安排合理开展准备工作，准备工作内容见表 2-2-1。

表 2-2-1　　　　　　　　　　准 备 工 作 安 排

√	序号	内容	标准	备注
	1	确定工作范围及作业方式	确定工作范围及作业方式，明确线路名称、杆号及工作任务	
	2	组织作业人员学习作业指导书，使全体作业人员熟悉作业内容、作业标准、安全注意事项	作业人员明确作业标准	
	3	根据工作时间和工作内容填写工作票	工作票填写正确	
	4	准备工器具，所用工器具良好，未超过试验周期	领用绝缘工具、安全用具及辅助器具，核对工器具的使用电压等级和试验周期；作外观检查完好无损；使用绝缘电阻表或绝缘测试仪进行分段绝缘检测，发现阻值低于 700MΩ 的绝缘工具，应及时更换；工器具运输装箱入袋	
	5	危险源点预控卡编制	危险源点分析到位	

（2）劳动组织及人员要求。

1）劳动组织。劳动组织明确了工作所需人员类别、人员职责和作业人员数量，见表 2-2-2。

表 2-2-2　　　　　　　　　　劳 动 组 织

√	序号	人员类别	职责	作业人数
	1	工作负责人（监护人）	1）对工作全面负责，在检修工作中要对作业人员明确分工，保证工作质量。 2）对安全作业方案及工作质量负责。 3）识别现场作业危险源，组织落实防范措施。 4）工作前对工作班成员进行危险点告知，交代安全措施和技术措施，并确认每一个工作班成员都已知晓。 5）对作业过程中的安全进行监护	1 人

续表

√	序号	人员类别	职责	作业人数
	2	杆上电工	按工作负责人指令安装、拆除绝缘隔离措施，按本指导书规定实施作业步骤	2人
	3	地面电工	按工作负责人指令实施作业步骤	1人

2）人员要求。表 2–2–3 明确了工作人员的精神状态，工作人员的资格包括作业技能、安全资质和特殊工种资质等要求。

表 2–2–3 人 员 要 求

√	序号	内 容	备注
	1	现场作业人员应身体健康、精神状态良好	
	2	具备必要的电气知识和配网带电作业技能，能正确使用作业工器具，了解设备有关技术标准要求，持有效配网带电作业合格证上岗	
	3	熟悉现场安全作业要求，并经《安规》考试合格	

（3）备品备件与材料。

根据检修项目，确定所需的备品备件与材料，见表 2–2–4。

表 2–2–4 备 品 备 件 与 材 料

√	序号	名称	型号及规格	单位	数量	备注
	1					
	2					

（4）工器具与仪器仪表。

工器具与仪器仪表主要包括专用工具、常用工器具、仪器仪表等，见表 2–2–5。

表 2–2–5 工 器 具 与 仪 器 仪 表

√	序号	名称	型号及规格	单位	数量	备注
	1	安全防护用具		套	2	绝缘袖套，绝缘衣，绝缘手套等，视工作需要，机械及电气强度满足安规要求，周期预防性检查性试验合格
	2	绝缘遮蔽工具		块	若干	绝缘毯，绝缘挡板，绝缘导线罩，绝缘横担等，视工作需要，机械及电气强度满足安规要求，周期预防性检查性试验合格

续表

√	序号	名称	型号及规格	单位	数量	备注
	3	绝缘绳		条	若干	5000V 绝缘电阻表进行分段绝缘检测，电阻值应不低于 700MΩ，视工作需要，机械及电气强度满足安规要求，周期预防性检查性试验合格
	4	绝缘操作杆		根	若干	5000V 绝缘电阻表进行分段绝缘检测，电阻值应不低于 700MΩ，视工作需要，机械及电气强度满足安规要求，周期预防性检查性试验合格
	5	绝缘剪刀		把	1	5000V 绝缘电阻表进行分段绝缘检测，电阻值应不低于 700MΩ，视工作需要，机械及电气强度满足安规要求，周期预防性检查性试验合格
	6	5000V 绝缘电阻表		只	1	周期性校验合格
	7	苫布		块	1	

（5）技术资料。

表 2-2-6 要求的技术资料主要包括现场使用的图纸、出厂说明书、检修记录等。

表 2-2-6　　　　　　　　　技　术　资　料

√	序号	名　　　称	备注
	1		
	2		

（6）检修前设备设施状态。

检修前通过查看表 2-2-7 的内容，了解待检修设备的运行状态。

表 2-2-7　　　　　　　　检修前设备设施状态

√	序号	检修前设备设施状态
	1	
	2	

（7）危险点分析与预防控制措施。

表 2-2-8 规定了绝缘杆作业法更换避雷器的危险点与预防控制措施。

表 2-2-8　　　　　　　　　危险点分析与预防控制措施

√	序号	防范类型	危险点	预防控制措施
	1	防触电	人身触电	1）作业过程中，不论线路是否停电，都应始终认为线路有电。 2）确定作业线路重合闸已退出。 3）保持对地最小距离 0.4m，对邻相导线的最小距离 0.6m，绝缘绳索类工具有效绝缘长度不小于 0.4m，绝缘操作杆有效绝缘长度不小于 0.7m。 4）必须天气良好条件下进行
	2	高空坠落	登高工具不合格及不规范使用登高工具	1）杆塔上作业转移时，不得失去安全保护。 2）安全带应高挂低用系在杆塔或牢固的构件上，扣牢扣环。 3）杆塔上作业人员应系好安全带，戴好安全帽。 4）检查安全带应安全完好

4. 检修流程图

根据检修设备的结构、检修工艺以及作业环境，将检修作业的全过程优化为最佳的检修步骤顺序，流程如图 2-2-2 所示。

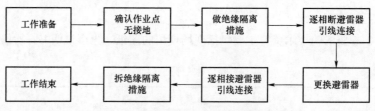

图 2-2-2　绝缘杆作业法更换避雷器流程

5. 检修程序与作业标准

（1）开工。办理开工许可手续前应检查落实的内容，见表 2-2-9。

表 2-2-9　　　　　　　　　开 工 内 容 与 要 求

√	序号	内　　　容
	1	工作负责人核对线路名称、杆号，与当值调度员联系
	2	工作现场设置安全护栏、作业标志和相关警示标志
	3	工作负责人召集工作人员交代工作任务，对工作班成员进行危险点告知、交代安全措施和技术措施，确认每一个工作班成员都已知晓，检查工作班成员精神状态是否良好，变动是否合适，并进行抽查、问答，对站班会内容应进行录音
	4	根据分工情况整理材料，对安全工具、绝缘工具、进行检查、摇测，确认避雷器性能完好，做好工作前的准备工作
	5	杆上电工戴好安全防护用具，做好作业准备

（2）检修项目与作业标准（见表 2-2-10）。按照检修流程，对每一个检修项目，明确作业标准、注意事项等内容。

表 2-2-10　　　　　　　　　　　检修项目与作业标准

√	序号	检修项目	作业标准	注意事项	备注
	1	检查作业点后段无接地	检查作业点后段无接地，可以采取人员现场确认或仪表测定两种检查形式		
	2	安装绝缘隔离	杆上电工相互配合视情况做绝缘隔离	1）上下传递工器具应使用绝缘绳； 2）绝缘隔离应严实、牢固，遮蔽重叠部分应大于 15cm	
	3	断近边相避雷器上引线	杆上电工相互配合使用绝缘操作杆拆开近边相避雷器上引线，固定尾线	1）杆上电工应注意站位角度，以及控制动作方向和幅度； 2）防止高空落物	
	4	断远边相避雷器上引线	杆上电工相互配合使用绝缘操作杆拆开远边相避雷器上引线，固定尾线	1）杆上电工应注意站位角度，以及控制动作方向和幅度； 2）防止高空落物	
	5	断中相避雷器上引线	杆上电工相互配合视情况做绝缘隔离，使用绝缘操作杆拆开中相避雷器上引线，固定尾线	1）杆上电工应注意站位角度，以及控制动作方向和幅度； 2）防止高空落物	
	6	更换避雷器	杆上电工相互配合视情况做绝缘隔离，更换三相避雷器	1）杆上电工应注意站位角度，以及控制动作方向和幅度； 2）防止高空落物	
	7	接中相避雷器上引线	杆上电工相互配合视情况做绝缘隔离，使用绝缘操作杆搭接中相避雷器上引线	1）杆上电工应注意站位角度，以及控制动作方向和幅度； 2）防止高空落物	
	8	接远边相避雷器上引线	杆上电工相互配合视情况做绝缘隔离，使用绝缘操作杆搭接远边相避雷器上引线	1）杆上电工应注意站位角度，以及控制动作方向和幅度； 2）防止高空落物	
	9	接近边相避雷器上引线	杆上电工相互配合视情况做绝缘隔离，使用绝缘操作杆搭接近边相避雷器上引线	1）杆上电工应注意站位角度，以及控制动作方向和幅度； 2）防止高空落物	
	10	拆除绝缘隔离	撤除绝缘隔离，作业人员返回地面	1）上下传递工器具应使用绝缘绳； 2）防止高空落物	

（3）检修记录。表 2-2-11 规定了配网带电作业记录的内容，包括：设备类别、工作内容、配网带电作业统计数据等内容。

表 2-2-11 　　　　　　　　　　带 电 作 业 登 记 表

设备类别	
工作内容	
作业方式	
实际作业时间（h）	
多供电量（kWh）	
工作负责人姓名	
带电人员作业时间（h）	
作业人数	
作业日期	
备注	

（4）竣工。表 2-2-12 规定了工作结束后的注意事项，如清理工作现场、清点工具、回收材料、填写配网带电作业记录、办理工作票终结等内容。

表 2-2-12 　　　　　　　　　　竣 工 内 容 与 要 求

√	序号	内　　　容
	1	工作负责人全面检查，符合验收规范要求后，记录在册并召开收工会进行工作点评后，宣布工作结束
	2	联系当值调度工作已经结束，工作班撤离现场

6. 验收

表 2-2-13 规定了需要填写的内容，包括记录改进和更换的零部件、存在问题及处理意见、检修单位验收总结评价、运行单位验收意见。

表 2-2-13 　　　　　　　　　　验 收 记 录

自验收记录	记录改进和更换的零部件	
	存在问题及处理意见	
验收结论	检修单位验收总结评价	
	运行单位验收意见及签字	

【思考与练习】

1. 绝缘杆作业法带电更换避雷器作业中应对哪些东西进行有效遮蔽？

2. 画出绝缘杆作业法带电更换避雷器的标准化作业指导书流程图。

第三章

绝缘手套作业法断接支接线路引线

▲ 模块 1　绝缘手套作业法断接支接线路引线（Z58E3001 Ⅰ）

【模块描述】本模块包含绝缘手套作业法断接直线支接线路引线工作程序及相关安全注意事项等内容。通过操作过程、安全注意事项的详细分析介绍和模拟线路操作技能训练，达到的目标有：了解绝缘手套作业法断、接直线支接线路引线作业中的危险点预控；掌握绝缘手套作业法断、接直线支接线路引线作业的操作技能；掌握绝缘手套作业法断、接直线支接线路引线的工艺标准和质量要求。

【模块内容】

绝缘手套作业法断、接直线支接线路引线由于作业简单，安全系数较高，在常规配网带电作业中占很大比例，以下仅介绍一些常规做法，由于各地配电线路选型的不同，导线排列方式、线间距离、导线连接方式区别很大，工器具也形式多样，所以做法不尽相同。各地可根据实际情况因地制宜，有针对性地借鉴以下方法，切忌生搬硬套。

一、作业内容

本模块以典型的"直线支接、跳线线夹连接"为例讲解绝缘手套作业法断、接直线支接线路引线。与绝缘杆作业法不同，不同引线连接方式（缠绕、跳线线夹、穿刺线夹、并沟线夹、安普线夹等）对绝缘手套作业法的影响不大，特别是对绝缘导线的处理，绝缘手套作业法更为便利。

二、作业方法

绝缘手套作业法通常使用绝缘斗臂车作为主绝缘平台，如图 3-1-1 所示，某些场合也可采用绝缘梯、绝缘平台，工作人员穿着全套防护用

图 3-1-1　10kV 双回路直线
支接线路引线现场

具进行作业。

三、作业前准备

（一）作业条件

作业应在满足安全规程和相关标准规定的良好天气下进行，如遇雷电（听见雷声、看见闪电）、雪雹、雨雾和空气相对湿度超过 80%、风力大于 5 级（10m/s）时，不宜进行本作业。作业前现场勘察确定满足绝缘斗臂车绝缘手套作业法作业环境条件，主要指停用重合闸、绝缘斗臂车作业条件等，确认线路的终端开关[断路器（开关）或隔离开关（刀闸)]确已断开，接入线路侧的变压器、电压互感器确已退出运行，断引线前作业点后段无负载，接引线前作业点后段无短路、接地。

（二）人员组成

作业人员应由具备配网带电作业资格的工作人员所组成，本项目一般需 4 名。其中工作负责人（监护人）1 名、斗内电工 2 名、地面电工 1 名。工作班成员明确工作内容、工作流程、安全措施、工作中的危险点，并履行确认手续。

（三）工器具及仪器仪表准备

绝缘手套作业法断接直线支接线路引线主要工器具及仪器仪表见表 3–1–1。

表 3–1–1   工 器 具 及 仪 器 仪 表

序号	名称	型号及规格	单位	数量	备注
1	绝缘绳		条	若干	
2	绝缘操作杆		根	若干	安装鹰爪钳等，视工作需要
3	绝缘斗臂车		辆	1	
4	绝缘遮蔽工具		块	若干	绝缘毯，绝缘挡板，绝缘导线罩等，视工作需要
5	安全防护用具		套	2	绝缘袖套，绝缘衣，绝缘靴，绝缘手套等，视工作需要
6	钳形电流表	mA 级	只	1	测量导线电流，判定支线后段无负载，视工作需要
7	绝缘电阻表	5000V	只	1	检查绝缘。测量相间、对地绝缘，判定支线后段无相间短路、接地，视工作需要
8	防潮布		块	1	
9	压机		台	1	电动液压机，视工作需要
10	破皮器		把	1	剥离绝缘导线绝缘层，视工作需要
11	剪刀		把	1	绝缘断线剪或棘轮剪刀，视工作需要
12	钢丝刷		把	1	清除导线氧化层，视工作需要
13	跳线线夹		副	3	连接引线
14	自黏带		圈	若干	恢复导线绝缘，视工作需要

（四）作业流程图（见图 3-1-2 和图 3-1-3）

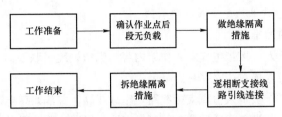

图 3-1-2 绝缘手套作业法断支接线路引线流程图

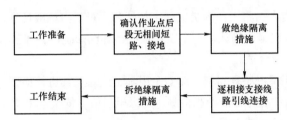

图 3-1-3 绝缘手套作业法接支接线路引线流程图

四、危险点分析及控制措施（见表 3-1-2）

表 3-1-2 危险点分析及控制措施

序号	防范类型	危险点	控制措施
1	防触电	人身触电	作业过程中，不论线路是否停电，都应始终认为线路有电
2			必须停用重合闸
3			保持对地最小距离 0.4m，对邻相导线的最小距离 0.6m，绝缘绳索类工具有效绝缘长度不小于 0.4m，绝缘操作杆有效绝缘长度不小于 0.7m
4			必须天气良好条件下进行
5		感应电触电	引线未全部断开时，则已断开的导线应视为有电，严禁在无措施下直接触及
6	防高空坠落	不规范使用登高工具	设专职监护人
7			作业前，绝缘斗臂车应进行空斗操作，确认液压传动、升降、伸缩、回转系统工作正常、操作灵活，制动装置可靠
8			安全带应系在牢固的构件上，扣牢扣环
9			斗内电工应系好安全带，戴好安全帽

五、操作过程

（一）绝缘手套作业法断支接线路引线

1. 现场操作前的准备

（1）工作负责人应按带电作业工作票内容与当值调度员联系。

（2）工作负责人核对线路名称、杆号。

（3）工作前工作负责人检查支接线路是空载线路，并满足带电断引线条件。

（4）绝缘斗臂车进入合适位置，并可靠接地，根据道路情况设置安全围栏、警告标志或路障。

（5）工作负责人召集工作人员交代工作任务，对工作班成员进行危险点告知、交代安全措施和技术措施，确认每一个工作班成员都已知晓，检查工作班成员精神状态是否良好，人员是否合适。

（6）根据分工情况整理材料，对安全用具、绝缘工具进行检查，绝缘工具应使用兆欧表或绝缘测试仪进行分段绝缘检测，绝缘电阻值不低于 700 兆欧（在出库前如已测试过的可省去现场测试步骤）。

（7）查看绝缘臂、绝缘斗良好，调试斗臂车（在出车前如已调试过的可省去此步骤）。

（8）斗内电工戴好绝缘手套和防护手套，进入绝缘斗内，挂好保险钩。

2. 操作步骤

（1）斗内电工将绝缘斗调整至适当位置，视情况对需隔离的设备进行绝缘隔离。

（2）斗内电工将绝缘斗调整至内侧导线适当位置，拆开近边相支接线路引线，固定尾线。

（3）斗内电工将绝缘斗调整至外侧导线适当位置，拆开远边相支接线路引线，固定尾线。

（4）斗内电工将绝缘斗调整至中相导线下支接横担外侧适当位置，拆开中相支接线路引线，固定尾线。

（5）工作结束后，撤除绝缘隔离措施，绝缘斗退出有电工作区域，作业人员返回地面。

（二）绝缘手套作业法接支接线路引线

1. 现场操作前的准备

（1）工作负责人应按带电作业工作票内容与当值调度员联系。

（2）工作负责人核对线路名称、杆号。

（3）工作前工作负责人检查支接线路是空载线路，并满足带电断引线条件。

（4）绝缘斗臂车进入合适位置，并可靠接地，根据道路情况设置安全围栏、警告标志或路障。

（5）工作负责人召集工作人员交代工作任务，对工作班成员进行危险点告知、交代安全措施和技术措施，确认每一个工作班成员都已知晓，检查工作班成员精神状态是否良好，人员是否合适。

（6）根据分工情况整理材料，对安全用具、绝缘工具进行检查，绝缘工具应使用兆欧表或绝缘测试仪进行分段绝缘检测，绝缘电阻值不低于700兆欧（在出库前如已测试过的可省去现场测试步骤）。

（7）查看绝缘臂、绝缘斗良好，调试斗臂车（在出车前如已调试过的可省去此步骤）。

（8）斗内电工戴好绝缘手套和防护手套，进入绝缘斗内，挂好保险钩。

2. 操作步骤

（1）斗内电工将绝缘斗调整至适当位置，视情况对需隔离的设备进行绝缘隔离。

（2）斗内电工将绝缘斗调整至支接线路下方，用绝缘操作杆测量三相引线长度，根据长度做好连接的准备工作。

（3）斗内电工将绝缘斗调整至适当位置，展开支接中相线路引线。

（4）斗内电工将绝缘斗调整至外侧导线适当位置，支接远边相支接线路引线。

（5）斗内电工将绝缘斗调整至内侧导线适当位置，支接近边相支接线路引线。

（6）工作结束后，撤除绝缘隔离措施，绝缘斗退出有电工作区域，作业人员返回地面。

【思考与练习】

1. 绝缘手套作业法断引线作业前为什么要确定作业点后段无负载？一般可采用哪几种方式？如采用仪表测定方式应如何操作？

2. 绝缘手套作业法接引线作业前为什么要确定作业点后段无相间短路、接地？如采用仪表测定方式应如何操作？

3. 本地10kV双回垂直排列直线杆直接支接带电接引线工作应如何开展？

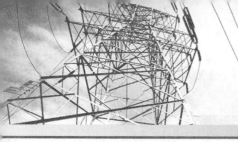

第四章

绝缘手套作业法更换避雷器

▶ **模块 1　绝缘手套作业法更换避雷器（Z58E4001Ⅱ）**

【模块描述】本模块包含绝缘手套作业法带电更换避雷器工作程序及相关安全注意事项等内容。通过操作过程、安全注意事项的详细分析介绍，和模拟线路操作技能训练，了解绝缘手套作业法带电更换避雷器作业中的危险点预控；掌握绝缘手套作业法带电更换避雷器作业的操作技能；掌握绝缘手套作业法带电更换避雷器的工艺标准和质量要求。

【模块内容】

一、作业内容

本模块主要讲述绝缘手套作业法更换避雷器。

二、作业方法

绝缘手套作业法更换避雷器作业作业简单，安全系数较高，在常规配网带电作业中占有一定比例，在实际工作中由于各地配电线路选型的不同，导线排列方式、线间距离、导线连接方式区别很大，所以做法不尽相同。各地可根据实际情况因地制宜开展工作。

三、作业前准备

（一）作业条件

本作业应在良好天气下进行，如遇雷电（听见雷声、看见闪电）、雪、雹、雨、雾、空气相对湿度超过 80%，风力大于 5 级（10m/s）时，一般不宜进行作业。作业前现场勘察确定满足绝缘斗臂车绝缘手套作业法作业环境条件，主要指停用重合闸、绝缘斗臂车作业条件等，确认线路的终端开关[断路器（开关）或隔离开关（刀闸)]确已断开，接入线路侧的变压器、电压互感器确已退出运行，断引线前作业点后段无负载，接引线前作业点后段无短路、接地。

（二）人员组成

作业人员应由具备配网带电作业资格的工作人员所组成，本项目一般需 4 名。其中工作负责人（监护人）1 名、斗内电工 2 名、地面电工 1 名。

（三）工器具及仪器仪表准备

表 4-1-1 为绝缘手套作业法更换避雷器所需主要工器具及仪器仪表。

表 4-1-1　　　　　　　　　　工 器 具 及 仪 器 仪 表

√	序号	名称	型号及规格	单位	数量	备注
	1	绝缘斗臂车		辆	1	绝缘工作平台，机械及电气强度满足安规要求，周期预防性检查性试验合格
	2	安全防护用具		套	2	绝缘袖套，绝缘衣，绝缘手套等，视工作需要，机械及电气强度满足安规要求，周期预防性检查性试验合格
	3	绝缘遮蔽工具		块	若干	绝缘毯，绝缘挡板，绝缘导线罩，绝缘横担等，视工作需要，机械及电气强度满足安规要求，周期预防性检查性试验合格
	4	绝缘绳		根	若干	5000V 绝缘电阻表进行分段绝缘检测，电阻值应不低于 700MΩ，视工作需要，机械及电气强度满足安规要求，周期预防性检查性试验合格
	5	绝缘操作杆		根	若干	5000V 绝缘电阻表进行分段绝缘检测，电阻值应不低于 700MΩ，视工作需要，机械及电气强度满足安规要求，周期预防性检查性试验合格
	6	5000V绝缘电阻表		只	1	周期性校验合格
	7	苦布		块	1	

（四）作业流程图（见图 4-1-1）

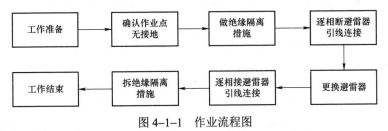

图 4-1-1　作业流程图

四、危险点分析及控制措施（见表 4–1–2）

表 4–1–2   危险点分析及控制措施

序号	防范类型	危险点	预防控制措施
1	防触电	人身触电	1）作业过程中，不论线路是否停电，都应始终认为线路有电。 2）确定作业线路重合闸已退出。 3）保持对地最小距离 0.4m，对邻相导线的最小距离 0.6m，绝缘绳索类工具有效绝缘长度不小于 0.4m，绝缘操作杆有效绝缘长度不小于 0.7m。 4）必须天气良好条件下进行
2	高空坠落	登高工具不合格及不规范使用登高工具	1）杆塔上作业转移时，不得失去安全保护。 2）安全带应高挂低用系在杆塔或牢固的构件上，扣牢扣环。 3）杆塔上作业人员应系好安全带，戴好安全帽。 4）检查安全带应安全完好

五、操作过程

1. 现场操作前的准备

（1）工作负责人应按带电作业工作票内容与当值调度员联系。

（2）工作负责人核对线路名称、杆号。

（3）绝缘斗臂车进入合适位置，并可靠接地，根据道路情况设置安全围栏、警告标志或路障。

（4）工作负责人召集工作人员交代工作任务，对工作班成员进行危险点告知、交代安全措施和技术措施，确认每一个工作班成员都已知晓，检查工作班成员精神状态是否良好，人员是否合适。

（5）根据分工情况整理材料，对安全用具、绝缘工具进行检查，绝缘工具应使用绝缘检测仪进行分段绝缘检测，绝缘电阻值不低于 700MΩ（在出库前如已测试过的可省去现场测试步骤）。

（6）查看绝缘臂、绝缘斗良好，调试斗臂车（在出车前如已调试过的可省去此步骤）。

（7）斗内电工戴好手套，进入绝缘斗内，挂好保险钩。

2. 操作步骤

（1）斗内电工将绝缘斗调整至避雷器横担下适当位置，视情况对需隔离的设备进行绝缘隔离。

（2）斗内电工在工作监护人的许可下使用绝缘操作杆将内侧避雷器接线器拆除，避雷器退出运行。

（3）斗内电工做好中相导线绝缘隔离。

（4）斗内电工相互配合拆开远边相避雷器上引线，固定尾线。

（5）斗内电工相互配合拆开中相避雷器上引线，固定尾线。

（6）斗内电工更换三相避雷器。新装避雷器需查验试验合格报告并使用绝缘检测仪确认绝缘性能完好。

（7）斗内电工将绝缘斗调整至避雷器横担下适当位置，在工作监护人的许可下使用绝缘操作杆将中相避雷器接线器拧上，避雷器投入运行。

（8）斗内电工相互配合搭接远边相避雷器上引线。

（9）斗内电工相互配合搭接近边相避雷器上引线。

（10）工作结束后，撤除绝缘隔离措施，绝缘斗退出有电工作区域，作业人员返回地面。

【思考与练习】

1. 绝缘手套作业法更换避雷器作业工具有哪些？

2. 叙述绝缘手套作业法更换避雷器作业的作业流程图。

3. 叙述绝缘手套作业法更换避雷器作业的作业步骤。

▲ 模块 2　编写绝缘手套作业法更换避雷器作业指导书（Z58E4002Ⅲ）

【模块描述】本模块包含绝缘手套作业法更换避雷器原理、现场作业指导书编写要求和带电更换更换避雷器的基本方法等内容。通过对绝缘手套作业法更换避雷器原理讲解、现场作业指导书编写要求和基本方法等内容的介绍，达到掌握作业指导书编写和作业组织指挥的目的。

【模块内容】

一、绝缘手套作业法更换避雷器原理

绝缘手套作业法更换避雷器作业原理就是在绝缘斗臂车上通过对作业范围内的带电导线、绝缘子、横担、避雷器等进行有效遮蔽。在绝缘斗臂车上断避雷器上引线，拆下并更换避雷器，接避雷器上引线，更换避雷器工作结束后，恢复绝缘。

绝缘手套作业法带电绝缘手套作业法更换避雷器中，作业人员穿绝缘靴戴绝缘手套等防护用具，以绝缘斗臂车的绝缘臂（超过 1m 的有效绝缘）或绝缘梯等绝缘平台为主绝缘，以绝缘罩、绝缘毯等绝缘遮蔽措施为辅助绝缘，其作业核心就是对固定在横担上的避雷器开展更换作业。作业中无论作业人员与接地体或邻相的间隙是否满足安全距离要求，均需对人体可能触及范围内的带电体和接地体进行绝缘遮蔽，必要时

还要增加绝缘挡板等限位措施。

二、作业指导书编写要求

配电线路带电作业标准化作业指导书，是对配电线路带电作业全过程控制指导的约束性文件，它针对作业前、作业中和作业后的各个作业环节进行了规范，使作业计划翔实、人员安排妥当、现场勘察清楚、工器具准备齐全、材料准备充足、危险点分析到位、防范措施严密、工艺标准全面，充分体现了现场带电作业全过程、全方位、全员的管理，保证了作业过程处于"能控、在控、可控"状态，以获得最佳秩序与效果，各作业环节层次分明、连接可靠，各作业内容细化、量化和标准化，做到作业闭环管理、作业有程序、安全有措施、质量有标准、考核有依据。具体在编写标准化作业指导书时，应重点注意以下几点要求：

（1）指导书编写人员必须参加现场勘察，主要包括查明作业范围、核对杆名、杆号；查看作业杆塔周边环境、杆塔结构形式、电气关系（相序、分歧、回路排列、相邻线路、交叉跨越、绝缘配置）、导线型号、导线损伤情况、杆塔运行工况等。如绝缘手套作业法带电绝缘手套作业法更换避雷器作业中，必须明确作业点两端交叉跨越情况，直线杆结构形式，导线型号，导线是否受损等内容。

（2）根据杆塔、线路运行工况，现场环境等确定带电作业方法，设计作业步骤，明确工艺标准，确定危险点控制和安全防范措施及注意事项。如确定垂直荷载不超过绝缘操作杆小吊机作业状态的额定值。

（3）根据作业内容合理安排带电作业人员，应安排工作经验丰富的作业人员担任工作负责人，并配备足够的工作班成员。

（4）根据作业内容配备工器具、材料，注意选用的工器具和使用的材料规格要与现场设备相符，使用的绝缘工器具应满足安规要求。

（5）针对现场实际情况和作业方法进行危险点分析，特别关注导线损伤、杆塔结构失稳，构件严重变形、绝缘配置损坏等情况并制定相应的防范措施，危险点分析要考虑作业全过程，防范措施要体现对设备及人员行为的全过程预控。

（6）根据现场实际情况必要时应补充特殊的安全技术措施。如标准化指导书在执行过程中，发现不切合实际、与相关图纸及有关规定不符等情况，应立即停止工作。作业负责人根据现场实际情况及时修改指导书，履行审批手续并做好记录后，按修改后的标准化指导书继续工作。

（7）在编写标准化作业指导书时，还要使其语言标准化，其原则是：语言简练、通俗易懂、避免口语、语法严谨、标点正确。

三、标准化作业指导书编写

标准化作业指导书可依据《国家电网公司现场标准化作业指导书编制导则》中规

定的格式与要求而进行，一般由封面、范围、引用文件、前期准备（包括 1 份现场勘察记录）、流程图、作业程序和工艺标准（包括危险点和控制措施）、验收记录、作业指导书执行情况评估和附录等组成，结合现场实际情况与需要可作适当的删减与合并。

　　以下为绝缘手套作业法带电绝缘手套作业法更换避雷器标准化作业指导书的编写示例，标准化作业指导书封面如图 4-2-1 所示。

编号：Q/×××

绝缘杆作业法更换避雷器标准化作业指导书

批准：____×××____　×年×月×日

审核：____×××____　×年×月×日

编写：____×××____　×年×月×日

作业负责人：__×××__

作业时间：×年×月×日×时至×年×月×日×时

××供电公司×××

图 4-2-1　标准化作业指导书封面

1. 范围

　　本标准化作业指导书规定了绝缘手套作业法更换避雷器标准化作业的检修前准备、检修流程图、检修程序与作业标准、检修记录和验收和等要求。

　　本标准化作业指导书适用于绝缘手套作业法更换避雷器标准化作业。

2. 规范性引用文件

　　下列文件对于本文件的应用是必不可少的。凡是注日期的引用文件，仅所注日期的版本适用于本文件。凡是不注日期的引用文件，其最新版本（包括所有的修改单）适用于本文件。

GB 12168　带电作业用遮蔽罩

GB 13035　带电作业用绝缘绳索

GB 13398　带电作业用空心绝缘管、泡沫填充绝缘管和实心绝缘棒

GB 17620　带电作业用绝缘硬梯通用技术条件

GB 17622　带电作业用绝缘手套通用技术条件

GB 50173 电气装置安装工程 35kV 及以下架空电力线路施工及验收规范

GB/T 2900.55—2002 电工术语带电作业

GB/T 14286—2002 带电作业工具设备术语

GB/T 18857 配电线路带电作业技术导则

DL/T 778 带电作业用绝缘袖套

DL 779 带电作业用绝缘绳索类工具

DL/T 803 带电作业用绝缘毯

DL/T 880 带电作业用导线软质遮蔽罩

DL/T 1125 10kV 带电作业用绝缘服装

Q/GDW 519 国家电网公司配电网运行规程

Q/GDW 520 国家电网公司带电作业管理规范

国家电网安监〔2009〕664 号 国家电网公司电力安全工作规程（电力线路部分）

国家电网生〔2007〕751 号 国家电网公司带电作业工作管理规定（试行）

3. 检修前准备

（1）准备工作安排。

根据工作安排合理开展准备工作，准备工作内容见表 4-2-1。

表 4-2-1　　　　　　　　　　准 备 工 作 安 排

√	序号	内容	标准	备注
	1	确定工作范围及作业方式	确定工作范围及作业方式，明确线路名称、杆号及工作任务	
	2	组织作业人员学习作业指导书，使全体作业人员熟悉作业内容、作业标准、安全注意事项	作业人员明确作业标准	
	3	根据工作时间和工作内容填写工作票	工作票填写正确	
	4	准备工器具，所用工器具良好，未超过试验周期	领用绝缘工具、安全用具及辅助器具，核对工器具的使用电压等级和试验周期；作外观检查完好无损；使用绝缘电阻表或绝缘测试仪进行分段绝缘检测，发现阻值低于 700MΩ 的绝缘工具，应及时更换；工器具运输装箱入袋	
	5	危险源点预控卡编制	危险源点分析到位	

（2）劳动组织及人员要求。

1）劳动组织（见表 4-2-2）。

劳动组织明确了工作所需人员类别、人员职责和作业人员数量。

表4-2-2 劳　动　组　织

√	序号	人员类别	职责	作业人数
	1	工作负责人（监护人）	1）对工作全面负责，在检修工作中要对作业人员明确分工，保证工作质量； 2）对安全作业方案及工作质量负责； 3）识别现场作业危险源，组织落实防范措施； 4）工作前对工作班成员进行危险点告知，交代安全措施和技术措施，并确认每一个工作班成员都已知晓； 5）对作业过程中的安全进行监护	1人
	2	斗内电工	按工作负责人指令安装、拆除绝缘隔离措施，按本指导书规定实施作业步骤	2人
	3	地面电工	按工作负责人指令实施作业步骤	1人

2）人员要求。

表4-2-3明确了工作人员的精神状态，工作人员的资格包括作业技能、安全资质和特殊工种资质等要求。

表4-2-3 人　员　要　求

√	序号	内　容	备注
	1	现场作业人员应身体健康、精神状态良好	
	2	具备必要的电气知识和配网带电作业技能，能正确使用作业工器具，了解设备有关技术标准要求，持有效配网带电作业合格证上岗	
	3	熟悉现场安全作业要求，并经《安规》考试合格	

（3）备品备件与材料。

根据检修项目，确定所需的备品备件与材料（见表4-2-4）。

表4-2-4 备　品　备　件　与　材　料

√	序号	名称	型号及规格	单位	数量	备注
	1					
	2					

（4）工器具与仪器仪表。

工器具与仪器仪表主要包括专用工具、常用工器具、仪器仪表等（见表4-2-5）。

表 4–2–5　　　　　　　　　　　　工 器 具 与 仪 器 仪 表

√	序号	名称	型号及规格	单位	数量	备注
	1	绝缘斗臂车		辆	1	绝缘工作平台，机械及电气强度满足安规要求，周期预防性检查性试验合格
	2	安全防护用具		套	2	绝缘袖套，绝缘衣，绝缘手套等，视工作需要，机械及电气强度满足安规要求，周期预防性检查性试验合格
	3	绝缘遮蔽工具		块	若干	绝缘毯，绝缘挡板，绝缘导线罩，绝缘横担等，视工作需要，机械及电气强度满足安规要求，周期预防性检查性试验合格
	4	绝缘绳		根	若干	5000V 绝缘电阻表进行分段绝缘检测，电阻值应不低于 700MΩ，视工作需要，机械及电气强度满足安规要求，周期预防性检查性试验合格
	5	绝缘操作杆		根	若干	5000V 绝缘电阻表进行分段绝缘检测，电阻值应不低于 700MΩ，视工作需要，机械及电气强度满足安规要求，周期预防性检查性试验合格
	6	5000V 绝缘电阻表		只	1	周期性校验合格
	7	苫布		块	1	

（5）技术资料。

表 4–2–6 要求的技术资料主要包括现场使用的图纸、出厂说明书、检修记录等。

表 4–2–6　　　　　　　　　　　技 术 资 料

√	序号	名　　称	备注
	1		
	2		

（6）检修前设备设施状态。

检修前通过查看表 4–2–7 的内容，了解待检修设备的运行状态。

表 4–2–7　　　　　　　　　　检 修 前 设 备 设 施 状 态

√	序号	检修前设备设施状态
	1	
	2	

（7）危险点分析与预防控制措施。

表 4-2-8 规定了绝缘手套作业法绝缘手套作业法更换避雷器的危险点与预防控制措施。

表 4-2-8 　　　　　　　　　危险点分析与预防控制措施

√	序号	防范类型	危险点	预防控制措施
	1	防触电	人身触电	1）作业过程中，不论线路是否停电，都应始终认为线路有电。 2）确定作业线路重合闸已退出。 3）保持对地最小距离 0.4m，对邻相导线的最小距离 0.6m，绝缘绳索类工具有效绝缘长度不小于 0.4m，绝缘操作杆有效绝缘长度不小于 0.7m。 4）必须天气良好条件下进行
	2	高空坠落	登高工具不合格及不规范使用登高工具	1）杆塔上作业转移时，不得失去安全保护。 2）安全带应高挂低用系在杆塔或牢固的构件上，扣牢扣环。 3）杆塔上作业人员应系好安全带，戴好安全帽。 4）检查安全带应安全完好

4. 检修流程图

根据检修设备的结构、检修工艺以及作业环境，将检修作业的全过程优化为最佳的检修步骤顺序，见图 4-2-2。

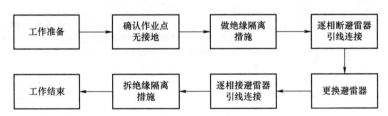

图 4-2-2　绝缘手套作业法更换避雷器流程图

5. 检修程序与作业标准

（1）开工。

办理开工许可手续前应检查落实的内容，见表 4-2-9。

表 4-2-9 　　　　　　　　　开 工 内 容 与 要 求

√	序号	内　　容
	1	工作负责人核对线路名称、杆号，与当值调度员联系
	2	绝缘斗臂车进入合适位置，装好可靠接地，现场装设围栏

续表

√	序号	内　　容
	3	工作负责人召集工作人员交代工作任务，对工作班成员进行危险点告知、交代安全措施和技术措施，确认每一个工作班成员都已知晓，检查工作班成员精神状态是否良好，变动是否合适，并进行抽查、问答，对站班会内容应进行录音
	4	根据分工情况整理材料，对安全工具、绝缘工具进行检查、摇测，查看绝缘臂、绝缘斗是否良好，做好工作前的准备工作
	5	斗内电工戴好安全防护用具，进入绝缘斗内，挂好保险钩

（2）检修项目与作业标准。

按照检修流程，对每一个检修项目，明确作业标准、注意事项等内容，见表 4-2-10。

表 4-2-10　　　　　　　　　　检修项目与作业标准

√	序号	检修项目	作业标准	注意事项	备注
	1	检查作业点后段无接地	检查作业点后段无接地，可以采取人员现场确认或仪表测定两种检查形式		
	2	安装绝缘隔离	斗内电工将绝缘斗调整至适当位置视情况对需隔离的设备进行绝缘隔离	1）转移绝缘斗时应注意绝缘斗臂车周围杆塔、线路等情况，绝缘臂的金属部位与带电体和地电位物体的距离大于 1m； 2）绝缘隔离应严实、牢固，遮蔽重叠部分应大于 15cm	
	3	断近边相避雷器上引线	斗内电工相互配合拆开近边相避雷器上引线，固定尾线	1）转移绝缘斗时应注意绝缘斗臂车周围杆塔、线路等情况，绝缘臂的金属部位与带电体和地电位物体的距离大于 1m； 2）防止高空落物； 3）斗内电工应注意动作幅度	
	4	补充绝缘隔离	斗内电工做好中相导线绝缘隔离	1）转移绝缘斗时应注意绝缘斗臂车周围杆塔、线路等情况，绝缘臂的金属部位与带电体和地电位物体的距离大于 1m； 2）绝缘隔离应严实、牢固，遮蔽重叠部分应大于 15cm	
	5	断远边相避雷器上引线	斗内电工相互配合拆开远边相避雷器上引线，固定尾线	1）转移绝缘斗时应注意绝缘斗臂车周围杆塔、线路等情况，绝缘臂的金属部位与带电体和地电位物体的距离大于 1m； 2）防止高空落物； 3）斗内电工应注意动作幅度	
	6	断中相避雷器上引线	斗内电工相互配合拆开中相避雷器上引线，固定尾线	1）转移绝缘斗时应注意绝缘斗臂车周围杆塔、线路等情况，绝缘臂的金属部位与带电体和地电位物体的距离大于 1m； 2）防止高空落物； 3）斗内电工应注意动作幅度	

续表

√	序号	检修项目	作业标准	注意事项	备注
	7	绝缘手套作业法更换避雷器	斗内电工相互配合更换三相避雷器	防止高空落物	
	8	接中相避雷器上引线	斗内电工相互配合搭接中相避雷器上引线	1）转移绝缘斗时应注意绝缘斗臂车周围杆塔、线路等情况，绝缘臂的金属部位与带电体和地电位物体的距离大于1m；2）防止高空落物；3）斗内电工应注意动作幅度	
	9	接远边相避雷器上引线	斗内电工相互配合搭接远边相避雷器上引线	1）转移绝缘斗时应注意绝缘斗臂车周围杆塔、线路等情况，绝缘臂的金属部位与带电体和地电位物体的距离大于1m；2）防止高空落物；3）斗内电工应注意动作幅度	
	10	接近边相避雷器上引线	斗内电工相互配合搭接近边相避雷器上引线	1）转移绝缘斗时应注意绝缘斗臂车周围杆塔、线路等情况，绝缘臂的金属部位与带电体和地电位物体的距离大于1m；2）防止高空落物；3）斗内电工应注意动作幅度	
	11	拆除绝缘隔离	工作结束后，撤除绝缘隔离措施，绝缘斗退出有电工作区域，作业人员返回地面	1）防止高空落物；2）下降绝缘斗、收回绝缘臂时应注意绝缘斗臂车杆塔、线路等情况	

（3）检修记录。

表4-2-11规定了配网带电作业记录的内容，包括：设备类别、工作内容、配网带电作业统计数据等内容。

表4-2-11　　　　　　　　带 电 作 业 登 记 表

设备类别	
工作内容	
作业方式	
实际作业时间（h）	
多供电量（kWh）	
工作负责人姓名	
带电人员作业时间（h）	
作业人数	
作业日期	
备注	

（4）竣工。

表 4–2–12 规定了工作结束后的注意事项，如清理工作现场、清点工具、回收材料、填写配网带电作业记录、办理工作票终结等内容。

表 4–2–12 竣 工 内 容 与 要 求

√	序号	内　　容
	1	工作负责人全面检查，符合验收规范要求后，记录在册并召开收工会进行工作点评后，宣布工作结束
	2	联系当值调度工作已经结束，工作班撤离现场

6. 验收

表 4–2–13 规定了需要填写的内容，包括记录改进和更换的零部件、存在问题及处理意见、检修单位验收总结评价、运行单位验收意见。

表 4–2–13 验 收 记 录

自验收记录	记录改进和更换的零部件	
	存在问题及处理意见	
验收结论	检修单位验收总结评价	
	运行单位验收意见及签字	

【思考与练习】

1. 绝缘手套作业法带电更换避雷器作业中应对哪些进行有效遮蔽？
2. 叙述绝缘手套作业法带电更换避雷器标准化作业的流程。

第五章

带电修补导线

▲ 模块1 带电修补导线（Z58E5001 Ⅰ）

【模块描述】本模块包含带电修补导线工作程序及相关安全注意事项等内容。通过操作过程、安全注意事项的详细分析介绍和模拟线路操作技能训练，达到的目标有：了解带电修补导线作业中的危险点预控；掌握带电修补导线作业的操作技能；掌握带电修补导线的工艺标准和质量要求。

【模块内容】

一、作业内容

带电修补 10kV ××线××号–××号间损伤断股的裸导线（钢芯铝绞线）。配电线路常见的导线类型有钢芯铝绞线、架空绝缘铝绞线、架空绝缘钢芯铝绞线，根据导线类型、损伤大小，带电检修工艺有所不同。可根据实际情况因地制宜，有针对性地借鉴以下方法。

带电修补的标准：

钢芯铝绞线：在同一截面处铝股损伤面积不超过铝面积 7%，采用缠绕方法修补；损伤面积在 7% 以上、25% 以下，利用补修金具修补。

单金属导线：在同一截面处铝股损伤面积不超过铝面积 5%，采用缠绕方法修补；损伤面积在 5% 以上、17% 以下，利用补修金具修补。

连续损伤虽在允许修补范围内，但其损伤长度已超出一个修补金具所能补修的长度，必须剪断重接。不在本作业范围之内。

二、作业方法

配电线路带电修补导线通常使用绝缘斗臂车作为主绝缘平台（某些场合也可采用绝缘梯、绝缘平台），工作人员穿戴绝缘防护用具，并对作业各部位安装绝缘遮蔽后进行作业。

由于各地配电线路设计型式的不同，导线排列方式、线间距离差别很大，所以具体工作方法不尽相同，各地可根据实际情况因地制宜，有针对性借鉴以下方法，切忌生搬硬套。

以下仅介绍采用绝缘斗臂车绝缘手套修补裸导线的常规做法。现场图片如图 5-1-1 所示。

图 5-1-1　现场图片

三、作业前准备

（一）作业条件

本作业应在良好天气下进行，如遇雷电（听见雷声、看见闪电）、雪、雹、雨、雾、空气相对湿度超过 80%，风力大于 5 级（10m/s）时，一般不宜进行作业。

（二）人员组成

作业人员应由具备配电带电作业资格的工作人员所组成，本项目一般需 4 名，其中工作负责人（监护人）1 名、斗内电工 2 名、地面电工 1 名。

工作班成员明确工作内容、工作流程、安全措施、工作中的危险点，并履行确认手续。

（三）主要工器具及仪器仪表准备

本次作业需要的主要工器具及仪器仪表准备见表 5-1-1。

表 5-1-1　　　　　　　　　　工器具及仪器仪表准备

序号	名称	型号及规格	单位	数量	备注
1	绝缘斗臂车	辆	1		
2	绝缘毯、绝缘毯夹	块	若干		
3	绝缘绳	根	若干		
4	绝缘遮蔽罩	个	若干		

续表

序号	名称	型号及规格	单位	数量	备注
5	绝缘遮蔽管	根	若干		
6	绝缘手套	双	2		
7	绝缘服	件	2		
8	绝缘鞋	双	2		
9	绝缘安全帽	顶	2		
10	绝缘安全带	条	2		
11	绝缘电阻表	只	1	2500V	
12	防潮布	块	1		
13	对讲机	台	2		
14	钢丝刷	把	1		
15	细砂纸	张	若干		
16	预绞式修补条	根	若干		

（四）作业流程图（见图 5-1-2）

图 5-1-2　流程图

四、危险点分析与控制措施

本次作业的主要危险点及其控制措施见表 5-1-2。

表 5-1-2　　　　　　　　危险点分析及控制措施

序号	防范类型	危险点	控制措施
1	防触电	人身触电	作业人员应穿戴齐合格的安全防护用品（绝缘手套、安全帽、绝缘服等），绝缘手套外应套有防刺穿的防护手套
			保持对地最小距离 0.4m，对邻相导线的最小距离 0.6m，绝缘绳索类工具有效绝缘长度不小于 0.4m，绝缘操作杆有效绝缘长度不小于 0.7m

续表

序号	防范类型	危险点	控制措施
1	防触电	人身触电	作业过程中严禁人体串入电路
			绝缘斗臂车的车体必须进行可靠接地,防止泄漏电流伤及地面作业人员
		短路或接地	遮蔽过程中严格按照规程进行,采取由近到远、由下到上,由大到小、先带电体后接地体的原则
			缠绕预绞式修补条时,必须逐条从一端开始安装,其他临近
			的导线绝缘遮蔽管长度必须大于预绞式修补条的长度
			必须停用线路重合闸
2	高处坠落		工作前,斗臂车应在预定位置进行空斗试操作,确认液压传动、升降、伸缩系统工作正常、操作灵活,制动装置可靠
			进入作业斗内人员,应系好绝缘安全带,将挂钩挂在指定位置
			作业车发动机不得熄火,总控制台应有专人看守,防止发生意外,进行紧急处理

五、操作过程

1. 现场操作前的准备

(1) 工作负责人应按带电作业工作票内容与当值调度员联系;

(2) 工作负责人核对线路名称、杆号;

(3) 工作前工作负责人检查现场实际状态;

(4) 根据道路情况设置安全围栏、警告标志或路障;

(5) 工作负责人召集工作人员交代工作任务,对工作班成员进行危险点告知、交代安全措施和技术措施,确认每一个工作班成员都已知晓,检查工作班成员精神状态是否良好,人员是否合适;

(6) 根据分工情况整理材料,对安全用具、绝缘工具进行检查,绝缘工具应使用2500伏绝缘表或绝缘测试仪进行分段绝缘检测,绝缘电阻值不低于700兆欧(在出库前如已测试过的可省去现场测试步骤);

(7) 杆上电工登杆前,应先检查电杆基础及电杆表面质量符合要求,并进行试登试拉,检查登杆工具。

2. 操作步骤

(1) 工作负责人召开现场开工会,布置安全措施,检查工器具,必要时提问;选择合适位置停放绝缘斗臂车,并接地;斗内电工正确穿戴安全防护用具,进入绝缘斗,系好安全带。

（2）斗内电工操作绝缘斗臂车进入工作位置，认真检查导线损伤情况，确定导线遮蔽措施及处理方法。

（3）对作业范围内的导线做绝缘遮蔽隔离措施（见图5-1-3），安装原则"由近至远、从大到小、从低到高"。导线遮蔽范围必须大于预绞式修补条的长度，若修补中相导线，则三相导线必须全部遮蔽；若修补位置临近杆塔或横担，还必须对作业范围内的杆塔和横担进行遮蔽；在工作斗上升的过程中，对可能触及的低压带电部件也必须进行遮蔽。

图5-1-3　采取绝缘遮蔽措施

（4）调整工作斗的位置，移开修补位置的导线绝缘遮蔽罩（见图5-1-4），修补导线过程中，绝缘手套外应套有防刺穿的防护手套。

图5-1-4　移开修补位置绝缘遮蔽措施

（5）斗内电工先清除导线氧化层，然后缠绕预绞式修补条，缠绕预绞式修补条应采取防止相间短路的措施（见图 5-1-5），预绞式修补条缠绕长度应超出损伤部分两端各 30mm。修补后效果如图 5-1-6 所示。

图 5-1-5 修补损伤导线

图 5-1-6 修补后效果

（6）一处修补完毕后，应迅速恢复其绝缘遮蔽，然后进行另一处作业。

（7）作业结束后，斗内电工按由远至近，从小到大，从高到低，依次拆除所有绝缘遮蔽隔离措施。

（8）工作负责人检查后，召开现场收工会，人员、工器具撤离现场。

六、带电修补绝缘导线操作过程介绍

绝缘导线的带电修补过程和裸导线的基本相同，只是在修补工艺上的要求不同，具体要求如下：

（1）绝缘导线绝缘层损伤深度在绝缘厚度的 10%及以上时，应采用绝缘自黏带修补。绝缘自黏带每圈搭接 1/2，厚度应大于绝缘层损伤深度，且不少于两层。

（2）也可采用绝缘护罩将绝缘层损伤部位罩好，并将开口部位用绝缘自黏带缠绕封住。

（3）如导线损伤断股，则应做好绝缘遮蔽措施后，剥离受伤导线绝缘皮，满足修补条修补长度要求，按裸线修补过程进行修补，然后用绝缘自黏带或热缩管进行绝缘恢复。

【思考与练习】

1. 请考虑位绝缘导线外绝缘损伤、导线断 2 股的修补作业程序。
2. 请考虑修补中相导线的绝缘遮蔽措施及注意事项。
3. 请考虑如导线断股过多，如何用带电作业的方式进行修补。

▲ 模块 2　编写带电修补导线作业指导书（Z58E5002Ⅲ）

【模块描述】本模块介绍带电修补导线原理、现场作业指导书编写要求和带电修补导线的基本方法。通过原理讲解、要点介绍和实例展示，掌握带电修补导线的现场标准化作业指导书编写的注意事项、格式及其要求。

【模块内容】

一、带电修补导线原理

绝缘手套作业法属于直接作业，作业人员穿戴绝缘防护用具，以绝缘斗臂车的绝缘臂（超过 1m 的有效绝缘）或绝缘梯等绝缘平台为主绝缘，以绝缘罩、绝缘毯等绝缘遮蔽措施为辅助绝缘，通过绝缘手套对带电设备进行检修和维护作业。作业中无论作业人员与接地体或邻相的间隙是否满足安全距离要求，均需对人体可能触及范围内的带电体和接地体进行绝缘遮蔽，必要时还要增加绝缘挡板等限位措施。

带电修补导线中需要着重解决的是对作业范围内的带电导线、绝缘子、横担应进行有效遮蔽，根据导线损伤程度确定修补方案，然后按照检修工艺要求修补损伤的导线。重点防止修补过程中由于预绞式线条舞动造成相间短路或接地，所以临近相或地电位设备一定要遮蔽完全，保证绝对的空间操作范围。

带电补修的标准：① 钢芯铝绞线：在同一截面处铝股损伤面积不超过铝面积 7%，采用缠绕方法修补；损伤面积在 7%以上、25%以下，利用补修金具补修。② 单金属导线：在同一截面处铝股损伤面积不超过铝面积 5%，采用缠绕方法修补；损伤面积在 5%以上、17%以下，利用补修金具补修。③ 连续损伤虽在允许修补范围内，但其损伤长度已超出一个修补金具所能补修的长度，必须剪断重接。不在本作业范围之内。

二、作业指导书编写要求

10kV 配电线路带电作业现场标准化作业指导书针对每一次作业按照全过程控制的要求，对作业计划、准备、实施、总结等各个环节，明确具体操作的方法、步骤、措施、标准和人员责任，依据工作流程组合成的执行文件。指导书使用的语言必须概念清楚、表达准确、文字简练、格式统一，抓住重点环节，说得明白准确。体现对现场作业的全过程控制，体现对设备及人员行为的全过程管理，交代清楚任务性质、来源，人员组织，技术措施、安全措施，做到头绪清楚，层次清晰，条理分明。

指导书编写人员必须参加现场勘察，主要包括杆塔周围环境、地形状况、杆塔形式、电气关系、导线型号情况等，在编写本次作业指导书时，着重做好以下 5 点。

（1）根据杆塔形式、现场环境确定修补导线作业方法。安排作业步骤，明确工艺标准，根据作业内容、作业步骤明确安全措施注意事项。量化、细化、标准化每项作业内容，做到作业有程序、安全有措施、质量有标准、考核有依据。

（2）根据作业内容和班组人员实际情况，合理安排工作负责人和工作班成员，保证作业人员充足，并明确其工作职责。

（3）根据作业内容配备工器具、材料，工器具、材料规格要与现场设备相符，绝缘工器具的机械及电气强度均应满足《国家电网公司电力安全工作规程（线路部分）》要求，预防性、检查性试验合格。

（4）针对现场实际情况和作业方法进行危险点分析，制订相应的防范措施，危险点分析要考虑作业全过程，防范措施要体现对设备及人员行为的全过程预控。本次作业的主要危险点有：高空坠落和人身触电。

（5）根据现场实际情况必要时应补充特殊的安全技术措施，如一相完成后，应迅速恢复遮蔽，然后再对另一相作业，作业过程中绝缘手套外要套羊皮手套，防止被损伤导线划伤。

三、标准化作业指导书的编写

标准化作业指导书的编写，可依据《国家电网公司现场标准化作业指导书编制导则》中规定的格式与要求而进行。它一般由封面、适用范围、引用文件、作业前准备（包括 1 份现场勘察记录）、流程图、作业程序和工艺标准（包括危险点和控制措施）、验收记录、作业指导书执行情况评估和附录等组成。具体编写时可结合实际情况与需要可作适当的删减与合并。

以下为带电修补钢芯铝绞线标准化作业指导书的编写示例，封面如图 5-2-1 所示。

编号：Q/××××-××-××

带电修补 10kV××线××杆导线作业指导书

批准：_____　___年__月__日

审核：_____　___年__月__日

编写：_____　___年__月__日

作业负责人：_____

作业时间：____年__月__日__时至___年__月__日__时

××供电公司×××

图 5-2-1　封面

1. 范围

本作业指导书针对采用绝缘手套作业法带电修补××供电公司 10kV××线××杆导线工作编写而成，仅适用于该项工作。

2. 规范性引用文件

GB/T 2900.55—2002　带电作业术语

GB/T 14286—2008　带电作业工具设备术语

GB/T 18857—2008　配电线路带电作业技术导则

GB 50061—2010　66kV 及以下架空电力线路设计规范

DL/T 602—1996　架空绝缘配电线路施工及验收规程

国家电网生〔2007〕751 号　国家电网公司带电作业工作管理规定（试行）

国家电网公司电力安全工作规程（线路部分）

国家电网公司现场标准化作业指导书编制导则

3. 作业前准备

（1）准备工作安排（见表 5-2-1）。

表 5-2-1　　　　　　　　准 备 工 作 安 排

√	序号	内容	标准	备注
	1	明确作业项目、确定作业人员、合理进行任务分工，并组织学习作业指导书	作业人员必须认真听取工作任务布置，对作业任务及存在的危险点做到心中有数，明确人员分工；认真学习工作票内容，对作业任务及存在的危险点做到心中有数，作业前认真学习作业指导书并签名确认	

续表

√	序号	内容	标准	备注
	2	确定作业所需材料和工器具及相关技术要求,并按要求准备	所有工器具准备齐全,满足作业项目需要;所有带电作业工器具应满足如下试验周期: 1)电气试验:预防性试验每年一次,检查性试验每年一次,两次试验间隔半年。 2)机械试验:绝缘工具每年一次,金属工具两年一次	

(2)劳动组织及人员要求。

1)劳动组织。劳动组织明确了工作所需人员类别、人员职责和作业人员数量,见表 5-2-2。

表 5-2-2　　　　　　　　　劳 动 组 织

√	序号	人员类别	职　　责	作业人数
	1	工作负责(监护)人	负责整个施工过程、工艺标准、质量要求及施工安全	1
	2	杆上电工	负责进行绝缘遮蔽、更换绝缘子及其他斗上作业	2
	3	地面电工	负责做好地面的安全设施及向杆上作业人员传递工具、材料	1

2)人员要求(见表 5-2-3)。

表 5-2-3　　　　　　　　　人 员 要 求

√	序号	内　　容	备注
	1	作业人员必须掌握《国家电网公司电力安全工作规程(线路部分)》相关知识,并经年度考试合格;高空作业人员必须具备从事高空作业的身体素质;所有工作人员必须精神状态良好	
	2	所有作业人员必须取得带电作业资格证并审验合格	

(3)备品备件与材料。根据检修项目,确定所需的备品备件与材料,见表 5-2-4。

表 5-2-4　　　　　　　　　备 品 备 件 与 材 料

√	序号	名称	型号及规格	单位	数量	备注
	1					
	2					

（4）工器具与仪器仪表。

工器具与仪器仪表主要包括专用工具、常用工器具、仪器仪表等，见表 5-2-5。

表 5-2-5 工 器 具 与 仪 器 仪 表

√	序号	名称		型号/规格	单位	数量	备注
	1	绝缘工具	绝缘斗臂车		辆	1	
	2		绝缘毯		块	若干	
	3		蚕丝绳		根	若干	
	4		绝缘遮蔽罩		个	若干	
	5		绝缘遮蔽管		根	若干	
	6		绝缘毯夹		个	若干	
	7	防护用具	绝缘手套		双	2	
	8		绝缘服（绝缘披肩）		件	2	
	9		绝缘靴		双	2	
	10		绝缘安全帽		顶	2	
	11		羊皮手套		双	2	
	12		绝缘安全带		条	2	
	13	其他工具	绝缘电阻表		块	1	2500V
	14		钢丝刷		把	1	
	15		对讲机		台	3	
	16	所需材料	预绞式修补条		套	若干	
	17		细砂纸		张	若干	

（5）技术资料。

表 5-2-6 要求的技术资料主要包括现场使用的图纸、出厂说明书、检修记录等。

表 5-2-6 技 术 资 料

√	序号	名 称	备注
	1		
	2		

（6）检修前设备设施状态。

检修前通过查看表 5-2-7 的内容，了解待检修设备的运行状态。

表 5-2-7   检修前设备设施状态

√	序号	检修前设备设施状态
	1	
	2	

（7）危险点分析与预防控制措施。

表 5-2-8 规定了绝缘杆作业法更换避雷器的危险点与预防控制措施。

表 5-2-8   危险点分析与预防控制措施

√	序号	防范类型	危险点	控制措施	备注
	1	防触电类	人身触电	作业人员应穿戴齐合格的安全防护用品（绝缘手套、安全帽、绝缘服等）	
				保持对地最小距离为 0.4m，对邻相导线的最小距离为 0.6m，绝缘绳索类工具有效绝缘长度不小于 0.4m，绝缘操作杆有效绝缘长度不小于 0.7m	
				作业过程中严禁人体串入电路	
			发生短路或接地事故	遮蔽过程中严格按照《国家电网公司电力安全工作规程（线路部分）》进行，采取由近到远、由下到上、由大到小、先带电体后接地体的原则	
				更换绝缘子时必须采用后备保护措施	
				必须停用线路重合闸	
	2	防高处坠落类	从斗内跌落	进入作业斗内人员，应系好绝缘安全带，将挂钩挂在指定位置	
			作业动作失稳：重心、站立、动作过大等	工作前，斗臂车应在预定位置进行空斗试操作，确认液压传动、升降、伸缩系统工作正常及操作灵活，制动装置可靠	

4. 检修流程图

根据检修设备的结构、检修工艺以及作业环境，将检修作业的全过程优化为最佳的检修步骤顺序，见图 5-2-2。

图 5-2-2   带电修补导线作业流程图

5. 检修程序与作业标准

（1）开工。

办理开工许可手续前应检查落实的内容，见表 5-2-9。

表 5-2-9　　　　　　　　　开 工 内 容 与 要 求

√	序号	内容
	1	工作负责人核对线路名称、杆号，与当值调度员联系
	2	绝缘斗臂车进入合适位置，装好可靠接地，现场装设围栏
	3	工作负责人召集工作人员交代工作任务，对工作班成员进行危险点告知、交代安全措施和技术措施，确认每一个工作班成员都已知晓，检查工作班成员精神状态是否良好，变动是否合适，并进行抽查、问答，对站班会内容应进行录音
	4	根据分工情况整理材料，对安全工具、绝缘工具进行检查、摇测，查看绝缘臂、绝缘斗是否良好，做好工作前的准备工作
	5	斗内电工戴好安全防护用具，进入绝缘斗内，挂好保险钩

（2）检修项目与作业标准。

按照检修流程，对每一个检修项目，明确作业标准、注意事项等内容，见表 5-2-10。

表 5-2-10　　　　　　　　　检修项目与作业标准

√	序号	检修项目	作业标准	注意事项
	1	许可开工	停用重合闸后，工作许可人向工作负责人许可开工	必须履行工作票许可手续
	2	杆下准备工作	进入现场，工作负责人核对线路名称及杆号，绝缘斗臂车停放合适位置，车底接地，作业现场装设安全围栏。带电作业人员戴好绝缘手套，穿好绝缘披肩或绝缘服后进入工作现场，做好工作前的一切准备工作	1）高空绝缘斗臂车工作位置应选择适当，支撑应稳固可靠，检查各部液压系统是否正常。 2）绝缘工具使用前，应仔细检查其是否损坏、变形、失灵。并应用 2500V 绝缘电阻表进行绝缘检测，电阻值应不低于 700MΩ。 3）工作区域装设安全围栏
	3	进入工作点	高空带电作业人员系好安全带进入绝缘斗系好安全扣，操作绝缘斗送入合适位置	1）在高空作业时，必须使用安全带和戴安全帽。 2）绝缘斗臂车总控制台应有专人看守，防止发生意外，进行紧急处理。 3）在工作过程中高空绝缘作业车发动机不得熄火
	4	安装绝缘遮蔽工具	带电作业人员操作绝缘斗臂车将自己送到合适的工作位置后，对邻近带电导线和接地体分类分项，先带电部件，后接地部件，由近到远、由下到上、由大到小，进行全绝缘遮蔽	1）作业时，作业人员严禁同时接触两相导线，严禁同时进行两项作业。 2）对导线进行遮蔽时，导线遮蔽管开口必须向下，用绝缘毯遮蔽时，毯夹必须夹牢，导线绝缘遮蔽长度必须大于预ием式护线条的长度。 3）作业人员动作必须按严肃、严细、稳重、规范进行，并保持与带电体的安全距离

续表

✓	序号	检修项目	作业标准	注意事项
	5	检查破损导线	处理导线前，应认真检查导线损坏情况，采取合理的处理方法。如导线严重损伤，停止工作	1）作业时，作业人员严禁同时接触两相导线，严禁同时进行两项作业。 2）作业人员动作必须按严肃、严细、稳重、规范进行，并保持与带电体的安全距离
	6	进行导线修补	调整工作斗的位置，带电作业人员先清除导线氧化层，然后缠绕预绞式护线条，预绞式护线条缠绕长度应超出损伤部分两端各 30mm	1）严格加强监护，必要时增设监护人（上下联系）。 2）修补导线不得用力过大，防止预绞式护线条碰其他导线，造成相间短路
	7	拆除绝缘遮蔽用具	作业结束后，带电作业人员将各部位绝缘遮蔽按分项分类，由远到近、由上到下、由小到大，依次拆除所有绝缘遮蔽用具	1）作业时，作业人员严禁同时接触两相导线，严禁同时进行两项作业。 2）作业人员动作必须按严肃、严细、稳重、规范进行并保持与带电体的安全距离
	8	工作结束	（1）遮蔽装置全部拆除后，带电作业人员操作绝缘斗臂车返回地面，将绝缘斗臂车收回，清理工作现场。 （2）工作负责人应进行全面检查，确认工作完成无误后，向工作许可人汇报。 （3）工作许可人验收工作无误后，联系调度恢复本回路重合闸，工作全部结束，人员全部撤离现场	绝缘斗臂车操作时要平稳，不能猛进猛退，要注意与导线距离，防止触碰其他物体

（3）检修记录。

表 5-2-11 规定了配网带电作业记录的内容，包括设备类别、工作内容、配网带电作业统计数据等内容。

表 5-2-11　　　　　　带 电 作 业 登 记 表

设备类别	
工作内容	
作业方式	
实际作业时间（h）	
多供电量（kWh）	
工作负责人姓名	
带电人员作业时间（h）	
作业人数	
作业日期	
备注	

（4）竣工。

表 5–2–12 规定了工作结束后的注意事项，如清理工作现场、清点工具、回收材料、填写配网带电作业记录、办理工作票终结等内容。

表 5–2–12 竣 工 内 容 与 要 求

√	序号	内　　　容
	1	工作负责人全面检查，符合验收规范要求后，记录在册并召开收工会进行工作点评后，宣布工作结束
	2	联系当值调度工作已经结束，工作班撤离现场

6. 验收

表 5–2–13 规定了需要填写的内容，包括记录改进和更换的零部件、存在问题及处理意见、检修单位验收总结评价、运行单位验收意见。

表 5–2–13 验 收 记 录

自验收记录	记录改进和更换的零部件	
	存在问题及处理意见	
验收结论	检修单位验收总结评价	
	运行单位验收意见及签字	

【思考与练习】

1. 结合当地导线排列方式编写修补中相导线的现场标准化作业指导书。

2. 简述如何使用预绞式修补条修补导线。

3. 讨论绝缘导线如何修补绝缘层。

第六章

绝缘手套作业法更换直线杆绝缘子

▲ 模块 1　绝缘手套作业法更换直线杆绝缘子 （Z58E6001Ⅱ）

【模块描述】本模块包含绝缘手套作业法带电更换直线绝缘子工作程序及相关安全注意事项等内容。通过操作过程、安全注意事项的详细分析介绍和模拟线路操作技能训练，了解带电更换直线绝缘子作业中的危险点预控；掌握带电更换直线绝缘子作业的操作技能掌握带电更换直线绝缘子的工艺标准和质量要求。

【模块内容】

一、作业内容

配电线路常见的直线绝缘子包括瓷横担、棒形绝缘子、针式绝缘子等，受各地配电线路导线排列方式、线间距离等因素影响，带电检修工艺略有差异。各地可根据实际情况因地制宜，有针对性地借鉴以下方法。

二、作业方法

带电更换直线绝缘子通常使用绝缘斗臂车作为主绝缘平台，利用绝缘斗臂车自带的吊机提升导线完成作业。某些场合也可采用绝缘梯、绝缘平台，工作人员穿着全套防护用具进行作业，或者使用羊角抱杆等提升导线，绝缘杆作业法进行作业。几种作业方法中，采用绝缘斗臂车工效最高。本模块以"三角排列，PS-15棒形绝缘子"为例讲解带电更换直线绝缘子。现场图片如图 6-1-1所示。

图 6-1-1　现场图片

三、作业前准备

（一）作业条件

作业应在满足安全规程和相关标准规定的良好天气下进行，如遇雷电（听见雷声、看见闪电）、雪雹、雨雾和空气相对湿度超过80%、风力大于5级（10m/s）时，不宜进行本作业。作业前查勘确定满足绝缘斗臂车绝缘手套作业法作业环境条件，主要指停用重合闸、绝缘斗臂车作业条件等。

（二）人员组成

作业人员应由具备配网带电作业资格的工作人员所组成，本项目一般需4名。其中工作负责人（监护人）1名、斗内电工2名、地面电工1名。工作班成员明确工作内容、工作流程、安全措施、工作中的危险点，并履行确认手续。

（三）工器具及仪器仪表准备

表6-1-1为绝缘手套作业法带电更换直线绝缘子所需工器具及仪器仪表。

表6-1-1　　　　　　　　　工 器 具 及 仪 器 仪 表

序号	名称	型号及规格	单位	数量	备注
1	绝缘绳		条	若干	
2	绝缘操作杆		根	若干	5000V绝缘电阻表进行分段绝缘检测，2cm电极间电阻值应不低于700MΩ，视工作需要
3	绝缘斗臂车		辆	1	绝缘工作平台
4	绝缘支架		付	1	绝缘斗臂车车载，支撑导线，视工作需要
5	绝缘遮蔽工具		块	若干	绝缘毯，绝缘挡板，绝缘导线罩等，视工作需要
6	安全防护用具		套	1-2	绝缘袖套，绝缘衣，绝缘靴，绝缘手套等，视工作需要
7	苫布		块	1	
8	直线绝缘子		只	若干	针式、蝶式、瓷横担，视工作需要
9	扎线		圈	若干	

（四）作业流程图（见图6-1-2）

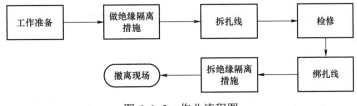

图6-1-2　作业流程图

四、危险点分析及控制措施（见表 6–1–2）

表 6–1–2 危险点分析及控制措施

序号	防范类型	危险点	预控措施
1	防触电	人身触电	作业过程中，不论线路是否停电，都应始终认为线路有电
2			需要停用重合闸的必须停用重合闸
3			保持对地最小距离 0.4m，对邻相导线的最小距离 0.6m，绝缘绳索类工具有效绝缘长度不小于 0.4m，绝缘操作杆有效绝缘长度不小于 0.7m
4			必须天气良好条件下进行
5	防高处坠落	登高工具不合格及不规范使用登高工具	设专职监护人
6			作业人员应戴好安全帽，安全带应高挂低用系在杆塔或牢固的构件上，扣牢扣环
7	防机械失灵	斗臂车机械失灵	绝缘斗臂车除空斗试验外检查自带小吊机、绝缘支架（如使用）

五、操作过程

1. 现场操作前的准备

（1）工作负责人应按带电作业工作票内容与当值调度员联系；

（2）工作负责人核对线路名称、杆号；

（3）工作前工作负责人检查现场实际状态；

（4）根据道路情况设置安全围栏、警告标志或路障；

（5）工作负责人召集工作人员交代工作任务，对工作班成员进行危险点告知、交代安全措施和技术措施，确认每一个工作班成员都已知晓，检查工作班成员精神状态是否良好，人员是否合适；

（6）查看绝缘臂、绝缘斗良好，调试斗臂车（在出车前如已调试过的可省去此步骤）。

（7）斗内电工戴好手套，进入绝缘斗内，挂好保险钩。

2. 操作步骤

（1）斗内电工将绝缘斗调整到内侧导线下，得到工人监护人许可后对内侧导线套好绝缘套管。

（2）斗内电工将绝缘斗调整到外侧导线下，得到工人监护人许可后对外侧导线套好绝缘套管。

（3）斗内电工将绝缘斗调整到合适位置，得到工人监护人许可后对中相导线套好绝缘套管。

（4）斗内电工操作绝缘斗臂车自带的吊钩钩住导线并使其略微受力，安装隔离挡板对直线绝缘子作限位隔离后，拆除扎线。

（5）斗内电工将导线吊离约 40cm 后，更换或纠正直线绝缘子。

（6）斗内电工安装隔离挡板对直线绝缘子作限位隔离后，缓慢放落导线，绑扎线，如图 6-1-3 所示。

图 6-1-3　限位隔离后绑扎线

（7）拆绝缘隔离措施，拆除原则"由远至近、从小到大、从高到低"。

（8）工作结束后，撤除绝缘隔离措施，绝缘斗退出有电工作区域，作业人员返回地面。

六、其他带电更换直线绝缘子作业方式危险点、操作过程介绍：

带电更换直线绝缘子作业，从其作业原理主要是处理好带电导线的脱离和恢复，在绝缘斗臂车行不便的地区，也可采用绝缘梯或绝缘平台，工作人员穿着全套防护用具绝缘手套作业法进行作业，或者使用羊角抱杆提升导线，绝缘杆作业法进行作业，如图 6-1-4 所示。

图 6-1-4　绝缘杆作业法更换直线中相绝缘子

【思考与练习】

1. 使用绝缘斗臂车自带的吊钩钩导线时，工作斗、吊点、吊绳应处于怎样的位置和状态？

2. 线路前段遭车撞致直线杆绝缘子歪斜，如图 6-1-5 所示，请考虑此缺陷带电处理的全套工艺。

图 6-1-5 直线杆绝缘子歪斜

▲ 模块 2 编写绝缘手套作业法更换直线绝缘子作业指导书（Z58E6002Ⅲ）

【模块描述】本模块包含绝缘手套作业法带电更换直线绝缘子原理、现场作业指导书编写要求和带电更换直线绝缘子的基本方法等内容。通过对绝缘手套作业法带电更换直线绝缘子原理讲解、现场作业指导书编写要求和带电绝缘手套作业法更换直线绝缘子的基本方法等内容的介绍，掌握作业指导书编写的要求和作业组织指挥的技巧。

【模块内容】

一、绝缘手套作业法带电更换直线绝缘子原理

绝缘手套作业法带电更换直线绝缘子作业原理就是通过对作业范围内的带电导线、绝缘子、横担应进行有效遮蔽，使用绝缘斗臂车小吊臂、羊角抱杆或吊、支杆等荷载转移工具移出导线，更换绝缘子后，回放导线入槽固定。

绝缘手套作业法带电更换直线绝缘子中，作业人员穿戴绝缘防护用具，以绝缘斗臂车的绝缘臂（超过 1m 的有效绝缘）或绝缘梯等绝缘平台为主绝缘，以绝缘罩、绝缘毯等绝缘遮蔽措施为辅助绝缘，其作业核心就是对直线绝缘子进行带电更换作业。作业中无论作业人员与接地体或邻相的间隙是否满足安全距离要求，均需对人体可能触及范围内的带电体和接地体进行绝缘遮蔽，必要时还要增加绝缘挡板等限位措施。

二、作业指导书编写要求

配电线路带电作业标准化作业指导书，是对配电线路带电作业全过程控制指导的约束性文件，它针对作业前、作业中和作业后的各个作业环节进行了规范，使作业计划翔实、人员安排妥当、现场勘察清楚、工器具准备齐全、材料准备充足、危险点分析到位、防范措施严密、工艺标准全面，充分体现了现场带电作业全过程、全方位、

全员的管理，保证了作业过程处于"能控、在控、可控"状态，以获得最佳秩序与效果，各作业环节层次分明、连接可靠，各作业内容细化、量化和标准化，做到作业闭环管理、作业有程序、安全有措施、质量有标准、考核有依据。具体在编写标准化作业指导书时，应重点注意以下几点要求：

（1）指导书编写人员必须参加现场勘察，主要包括：查明作业范围、核对杆名、杆号；查看作业杆塔周边环境、杆塔结构形式、电气关系（相序、分歧、回路排列、相邻线路、交叉跨越、绝缘配置）、导线型号、导线损伤情况、杆塔运行工况等。如绝缘手套作业法带电更换直线绝缘子作业中，必须明确作业点两端交叉跨越情况，直线杆结构形式，导线型号，导线是否受损等内容。

（2）根据杆塔、线路运行工况，现场环境等确定带电作业方法，设计作业步骤，明确工艺标准，确定危险点控制和安全防范措施及注意事项。如确定垂直荷载不超过绝缘斗臂车小吊机作业状态的额定值。

（3）根据作业内容合理安排带电作业人员，应安排工作经验丰富的作业人员担任工作负责人，并配备足够的工作班成员。

（4）根据作业内容配备工器具、材料，注意选用的工器具和使用的材料规格要与现场设备相符，使用的绝缘工器具应满足安规要求。

（5）针对现场实际情况和作业方法进行危险点分析，特别关注导线损伤、杆塔结构失稳，构件严重变形、绝缘配置损坏等情况并制定相应的防范措施，危险点分析要考虑作业全过程，防范措施要体现对设备及人员行为的全过程预控。

（6）根据现场实际情况必要时应补充特殊的安全技术措施。如标准化指导书在执行过程中，发现不切合实际、与相关图纸及有关规定不符等情况，应立即停止工作。作业负责人根据现场实际情况及时修改指导书，履行审批手续并做好记录后，按修改后的标准化指导书继续工作。

（7）在编写标准化作业指导书时，还要使其语言标准化，其原则是：语言简练、通俗易懂、避免口语、语法严谨、标点正确。

三、标准化作业指导书编写

标准化作业指导书可依据《国家电网公司现场标准化作业指导书编制导则》中规定的格式与要求而进行，一般由封面、范围、引用文件、前期准备（包括1份现场勘察记录）、流程图、作业程序和工艺标准（包括危险点和控制措施）、验收记录、作业指导书执行情况评估和附录等组成，结合现场实际情况与需要可作适当的删减与合并。

以下为绝缘手套作业法带电更换直线绝缘子标准化作业指导书的编写示例，封面如图6-2-1所示。

编号：Q/×××

绝缘手套作业法带电更换直线绝缘子作业指导书

批准：＿＿×××＿＿×年×月×日
审核：＿＿×××＿＿×年×月×日
编写：＿＿×××＿×年×月×日
作业负责人：＿×××＿
作业时间：×年×月×日×时至×年×月×日×时
××供电公司×××

图 6-2-1 封面

1. 范围

本标准化作业指导书规定了绝缘手套作业法更换直线杆绝缘子标准化作业的检修前准备、检修流程图、检修程序与作业标准、检修记录和验收和等要求。

本标准化作业指导书适用于绝缘手套作业法更换直线杆绝缘子标准化作业。

2. 规范性引用文件

下列文件对于本文件的应用是必不可少的。凡是注日期的引用文件，仅所注日期的版本适用于本文件。凡是不注日期的引用文件，其最新版本（包括所有的修改单）适用于本文件。

GB 12168　带电作业用遮蔽罩

GB 13035　带电作业用绝缘绳索

GB 13398　带电作业用空心绝缘管、泡沫填充绝缘管和实心绝缘棒

GB 17620　带电作业用绝缘硬梯通用技术条件

GB 17622　带电作业用绝缘手套通用技术条件

GB 50173　电气装置安装工程 35kV 及以下架空电力线路施工及验收规范

GB/T 2900.55—2002　电工术语带电作业

GB/T 14286—2002　带电作业工具设备术语

GB/T 18857　配电线路带电作业技术导则

DL/T 778　带电作业用绝缘袖套

DL 779　带电作业用绝缘绳索类工具

DL/T 803　带电作业用绝缘毯

DL/T 880　带电作业用导线软质遮蔽罩

DL/T 1125　10kV 带电作业用绝缘服装

Q/GDW 519　国家电网公司配电网运行规程

Q/GDW 520　国家电网公司带电作业管理规范

国家电网安监〔2009〕664 号　国家电网公司电力安全工作规程（电力线路部分）

国家电网生〔2007〕751 号　国家电网公司带电作业工作管理规定（试行）

3. 检修前准备

（1）准备工作安排。

根据工作安排合理开展准备工作，准备工作内容见表 6-2-1。

表 6-2-1　　　　　　　　　　　　准　备　工　作　安　排

√	序号	内容	标准	备注
	1	确定工作范围及作业方式	确定工作范围及作业方式，明确线路名称、杆号及工作任务	
	2	组织作业人员学习作业指导书，使全体作业人员熟悉作业内容、作业标准、安全注意事项	作业人员明确作业标准	
	3	根据工作时间和工作内容填写工作票	工作票填写正确	
	4	准备工器具，所用工器具良好，未超过试验周期	领用绝缘工具、安全用具及辅助器具，核对工器具的使用电压等级和试验周期；作外观检查完好无损；使用绝缘电阻表或绝缘测试仪进行分段绝缘检测，发现阻值低于 700MΩ 的绝缘工具，应及时更换；工器具运输装箱入袋	
	5	危险源点预控卡编制	危险源点分析到位	

（2）劳动组织及人员要求。

1）劳动组织。

劳动组织明确了工作所需人员类别、人员职责和作业人员数量，见表 6-2-2。

表 6-2-2　　　　　　　　　　　　劳　动　组　织

√	序号	人员类别	职责	作业人数
	1	工作负责人（监护人）	1）对工作全面负责，在检修工作中要对作业人员明确分工，保证工作质量； 2）对安全作业方案及工作质量负责； 3）识别现场作业危险源，组织落实防范措施； 4）工作前对工作班成员进行危险点告知，交代安全措施和技术措施，并确认每一个工作班成员都已知晓； 5）对作业过程中的安全进行监护	1 人

√	序号	人员类别	职责	作业人数
	2	斗内电工	按工作负责人指令安装、拆除绝缘隔离措施，按本指导书规定实施作业步骤	2 人
	3	地面电工	按工作负责人指令实施作业步骤	1 人

2）人员要求。

表 6-2-3 明确了工作人员的精神状态，工作人员的资格包括作业技能、安全资质和特殊工种资质等要求。

表 6-2-3　　　　　　　　　　人　员　要　求

√	序号	内容	备注
	1	现场作业人员应身体健康、精神状态良好	
	2	具备必要的电气知识和配网带电作业技能，能正确使用作业工器具，了解设备有关技术标准要求，持有效配网带电作业合格证上岗	
	3	熟悉现场安全作业要求，并经《安规》考试合格	

（3）备品备件与材料。

根据检修项目，确定所需的备品备件与材料，见表 6-2-4。

表 6-2-4　　　　　　　　备 品 备 件 与 材 料

√	序号	名称	型号及规格	单位	数量	备注
	1					
	2					

（4）工器具与仪器仪表。

工器具与仪器仪表主要包括专用工具、常用工器具、仪器仪表等，见表 6-2-5。

表 6-2-5　　　　　　　　工 器 具 与 仪 器 仪 表

√	序号	名称	型号及规格	单位	数量	备注
	1	绝缘斗臂车		辆	1	绝缘工作平台，机械及电气强度满足安规要求，周期预防性检查性试验合格
	2	安全防护用具		套	2	绝缘袖套，绝缘衣，绝缘手套等，视工作需要，机械及电气强度满足安规要求，周期预防性检查性试验合格

续表

√	序号	名称	型号及规格	单位	数量	备注
	3	绝缘遮蔽工具		块	若干	绝缘毯，绝缘挡板，绝缘导线罩，绝缘横担等，视工作需要，机械及电气强度满足安规要求，周期预防性检查性试验合格
	4	绝缘绳		条	若干	
	5	绝缘操作杆		根	若干	5000V 绝缘电阻表进行分段绝缘检测，电阻值应不低于 700MΩ，视工作需要，机械及电气强度满足安规要求，周期预防性检查性试验合格
	6	5000V 绝缘电阻表		只	1	周期性校验合格
	7	苫布		块	1	

（5）技术资料。

表 6-2-6 要求的技术资料主要包括现场使用的图纸、出厂说明书、检修记录等。

表 6-2-6　　　　　　　　技 术 资 料

√	序号	名　　　称	备注
	1		
	2		

（6）检修前设备设施状态。

检修前通过查看表 6-2-7 的内容，了解待检修设备的运行状态。

表 6-2-7　　　　　　　　检修前设备设施状态

√	序号	检修前设备设施状态
	1	
	2	

（7）危险点分析与预防控制措施。

表 6-2-8 规定了绝缘手套作业法更换直线杆绝缘子的危险点与预防控制措施。

表 6-2-8 危险点分析与预防控制措施

√	序号	防范类型	危险点	预防控制措施
	1	防触电	人身触电	1）作业过程中，不论线路是否停电，都应始终认为线路有电。 2）确定作业线路重合闸已退出。 3）保持对地最小距离 0.4m，对邻相导线的最小距离 0.6m，绝缘绳索类工具有效绝缘长度不小于 0.4m，绝缘操作杆有效绝缘长度不小于 0.7m。 4）必须天气良好条件下进行
	2	高空坠落	登高工具不合格及不规范使用登高工具	1）设专职监护人。 2）杆塔上作业转移时，不得失去安全保护。 3）安全带应高挂低用系在杆塔或牢固的构件上，扣牢扣环。 4）杆塔上作业人员应系好安全带，戴好安全帽。 5）检查安全带应安全完好

4. 检修流程图

根据检修设备的结构、检修工艺以及作业环境，将检修作业的全过程优化为最佳的检修步骤顺序（见图 6-2-2）。

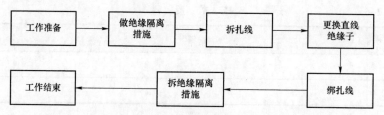

图 6-2-2　绝缘手套作业法更换跌直线杆绝缘子流程图

5. 检修程序与作业标准

（1）开工。

办理开工许可手续前应检查落实的内容，见表 6-2-9。

表 6-2-9 开工内容与要求

√	序号	内　容
	1	工作负责人核对线路名称、杆号，与当值调度员联系
	2	绝缘斗臂车进入合适位置，装好可靠接地，现场装设围栏
	3	工作负责人召集工作人员交代工作任务，对工作班成员进行危险点告知、交代安全措施和技术措施，确认每一个工作班成员都已知晓，检查工作班成员精神状态是否良好，变动是否合适，并进行抽查、问答，对站班会内容应进行录音

√	序号	内　　容
	4	根据分工情况整理材料，对安全工具、绝缘工具进行检查、摇测，查看绝缘臂、绝缘斗是否良好，做好工作前的准备工作
	5	斗内电工配合组装吊机，戴好安全防护用具，进入绝缘斗内，挂好保险钩

（2）检修项目与作业标准。

按照检修流程，对每一个检修项目，明确作业标准、注意事项等内容，见表6-2-10。

表6-2-10　　　　　　　　　　　检修项目与作业标准

√	序号	检修项目	作业标准	注意事项	备注
	1	做绝缘隔离措施	斗内电工操作绝缘斗视情况安装绝缘隔离措施		
	2	拆扎线	斗内电工操作绝缘斗臂车自带的吊钩钩住导线并使其略微受力，安装隔离挡板对直线绝缘子作限位隔离后，拆除扎线，斗内电工将导线吊离约40cm	确保相对相、相对地的安全距离	
	3	更换直线绝缘子	斗内电工进行更换直线绝缘子，并安装好绝缘子，安装好隔离挡板		
	4	绑扎线	斗内电工降下导线，绑扎固定		
	5	拆绝缘隔离措施	斗内电工拆除绝缘隔离措施，绝缘斗退出有电区域，作业人员返回地面		

（3）检修记录。

表6-2-11规定了配电网带电作业记录的内容，包括设备类别、工作内容、配网带电作业统计数据等内容。

表6-2-11　　　　　　　　　　带 电 作 业 登 记 表

设备类别	
工作内容	
作业方式	
实际作业时间（h）	
多供电量（kWh）	
工作负责人姓名	
带电人员作业时间（h）	
作业人数	
作业日期	
备注	

（4）竣工。

表 6-2-12 规定了工作结束后的注意事项，如清理工作现场、清点工具、回收材料、填写配网带电作业记录、办理工作票终结等内容。

表 6-2-12 竣 工 内 容 与 要 求

√	序号	内　容
	1	工作负责人全面检查，符合验收规范要求后，记录在册并召开收工会进行工作点评后，宣布工作结束
	2	联系当值调度工作已经结束，工作班撤离现场

6. 验收

表 6-2-13 规定了需要填写的内容，包括记录改进和更换的零部件、存在问题及处理意见、检修单位验收总结评价、运行单位验收意见。

表 6-2-13 验 收 记 录

自验收记录	记录改进和更换的零部件	
	存在问题及处理意见	
验收结论	检修单位验收总结评价	
	运行单位验收意见及签字	

【思考与练习】

1. 绝缘手套作业法带电更换直线绝缘子作业中应对哪些东西进行有效遮蔽？
2. 叙述绝缘手套作业法带电更换直线绝缘子标准化作业的流程。

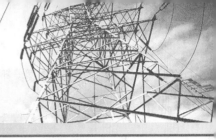

第七章

绝缘手套作业法更换直线杆绝缘子及横担

▲ 模块1 绝缘手套作业法更换直线杆绝缘子及横担 （Z58E7001Ⅱ）

【模块描述】本模块包含绝缘手套作业法带电更换直线绝缘子及横担工作程序及相关安全注意事项等内容。通过操作过程、安全注意事项的详细分析介绍，和模拟线路操作技能训练，了解绝缘手套作业法带电更换直线绝缘子及横担作业中的危险点预控；掌握绝缘手套作业法带电更换直线绝缘子及横担作业的操作技能；掌握绝缘手套作业法带电更换直线绝缘子及横担的工艺标准和质量要求。

【模块内容】

一、作业内容

本模块主要讲述绝缘手套作业法更换直线绝缘子及横担。配电线路常见的直线绝缘子包括瓷横担、棒形绝缘子、针式绝缘子等，横担也多种多样，受各地配电线路导线排列方式、线间距离等因素影响，带电检修工艺略有差异。

二、作业方法

绝缘手套作业法更换直线绝缘子及横担是通常使用绝缘斗臂车作为主绝缘平台，利用绝缘斗臂车自带的吊机提升导线，更换直线绝缘子及横担完成作业。某些场合也可采用绝缘梯、绝缘平台，工作人员穿着全套防护用具进行作业，或者使用羊角抱杆等提升导线，绝缘杆作业法进行作业。几种作业方法中，采用绝缘斗臂车工效最高。

三、作业前准备

（一）作业条件

本作业应在良好天气下进行，如遇雷电（听见雷声、看见闪电）、雪、雹、雨、雾、空气相对湿度超过80%，风力大于5级（10m/s）时，一般不宜进行作业。作业前现场勘察确定满足绝缘斗臂车绝缘手套作业法作业环境条件，主要指停用重合闸、绝缘斗臂车作业条件等，确认线路的终端开关[断路器（开关）或隔离开关（刀闸）]确已断开，接入线路侧的变压器、电压互感器确已退出运行，断引线前作业点后段无负载，接引线前作业点后段无短路、接地。

（二）人员组成

作业人员应由具备配网带电作业资格的工作人员所组成，本项目一般需 4 名。其中工作负责人（监护人）1 名、斗内电工 2 名、地面电工 1 名。工作班成员明确工作内容、工作流程、安全措施、工作中的危险点，并履行确认手续。

（三）工器具及仪器仪表准备

表 7-1-1 为绝缘手套作业法更换直线绝缘子及横担所需主要工器具及仪器仪表。

表 7-1-1 **工 器 具 及 仪 器 仪 表**

序号	名称	型号及规格	单位	数量	备注
1	绝缘斗臂车		辆	1	绝缘工作平台，机械及电气强度满足安规要求，周期预防性检查性试验合格
2	安全防护用具		套	2	绝缘袖套，绝缘衣，绝缘手套等，视工作需要，机械及电气强度满足安规要求，周期预防性检查性试验合格
3	绝缘遮蔽工具		块	若干	绝缘毯，绝缘挡板，绝缘导线罩，绝缘横担等，视工作需要，机械及电气强度满足安规要求，周期预防性检查性试验合格
4	绝缘绳		条	若干	
5	绝缘操作杆		根	若干	5000V 绝缘电阻表进行分段绝缘检测，电阻值应不低于 700MΩ，视工作需要，机械及电气强度满足安规要求，周期预防性检查性试验合格
6	绝缘横担		根	1	5000V 绝缘电阻表进行分段绝缘检测，电阻值应不低于 700MΩ，视工作需要，机械及电气强度满足安规要求，周期预防性检查性试验合格
7	5000V 绝缘电阻表		只	1	周期性校验合格
8	苫布		块	1	

（四）作业流程图（见图 7-1-1）

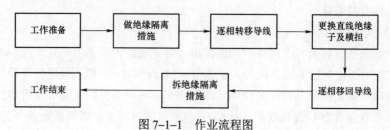

图 7-1-1 作业流程图

四、危险点分析及控制措施（见表 7-1-2）

表 7-1-2   危险点分析及控制措施

序号	防范类型	危险点	预防控制措施
1	防触电	人身触电	1）作业过程中，不论线路是否停电，都应始终认为线路有电。 2）确定作业线路重合闸已退出。 3）保持对地最小距离 0.4m，对邻相导线的最小距离 0.6m，绝缘绳索类工具有效绝缘长度不小于 0.4m，绝缘操作杆有效绝缘长度不小于 0.7m。 4）必须天气良好条件下进行
2	高空坠落	登高工具不合格及不规范使用登高工具	1）设专职监护人。 2）杆塔上作业转移时，不得失去安全保护。 3）安全带应高挂低用系在杆塔或牢固的构件上，扣牢扣环。 4）杆塔上作业人员应系好安全带，戴好安全帽。 5）检查安全带应安全完好

五、操作过程

1. 现场操作前的准备

（1）工作负责人应按带电作业工作票内容与当值调度员联系。

（2）工作负责人核对线路名称、杆号。

（3）绝缘斗臂车进入合适位置，并可靠接地，根据道路情况设置安全围栏、警告标志或路障。

（4）工作负责人召集工作人员交代工作任务，对工作班成员进行危险点告知、交代安全措施和技术措施，确认每一个工作班成员都已知晓，检查工作班成员精神状态是否良好，人员是否合适。

（5）根据分工情况整理材料，对安全用具、绝缘工具进行检查，绝缘工具应使用兆欧表或绝缘测试仪进行分段绝缘检测，绝缘电阻值不低于 700MΩ（在出库前如已测试过的可省去现场测试步骤）。

（6）查看绝缘臂、绝缘斗良好，调试斗臂车（在出车前如已调试过的可省去此步骤）。

（7）斗内电工戴好绝缘手套和防护手套，进入绝缘斗内，挂好保险钩。

2. 操作步骤

（1）斗内电工操作绝缘斗视情况安装绝缘隔离措施。

（2）将绝缘斗返回地面，在地面电工协助下在吊臂上组装撑杆及绝缘横担后返回导线下准备支撑导线。

（3）斗内电工调整吊臂使三相导线分别置于绝缘横担上的滑轮内，然后加上保险。

（4）斗内电工操作将绝缘撑杆缓缓上升，使绝缘撑杆受力；斗内电工加好绝缘子绝缘遮蔽罩，拆除导线扎线，缓缓支撑起三相导线至超出杆顶 1m 以上的位置。

（5）工作负责人指挥地面电工登杆更换直线横担，并安装好绝缘子和绝缘子绝缘遮蔽罩。

（6）工作结束后地面电工返回地面。

（7）斗内电工在监护人的许可下操作将绝缘撑杆缓缓下降，使中相导线下降落到中相绝缘子后停止，由斗内电工将中相导线用扎线固定在绝缘子上，打开中相滑轮保险后，继续下降绝缘撑杆，并按相同方法分别固定导线。

（8）斗内电工将绝缘横担上的其余滑轮保险打开，操作吊臂使绝缘横担缓缓脱离导线。

（9）三相导线的安装工作结束后，按先中间，后两边的顺序拆除导线绝缘套管、绝缘子绝缘遮蔽罩

（10）最后斗内电工将绝缘斗退出有电工作区域，作业人员返回地面。

（11）工作负责人对完成的工作进行一个全面的检查，符合验收规范要求后，记录在册并召开收工会进行工作点评后，宣布工作结束。

（12）工作完毕后，汇报当值调度工作已经结束，工作班撤离现场。

【思考与练习】

1. 绝缘手套作业法更换直线绝缘子及横担作业工具有哪些？
2. 叙述绝缘手套作业法更换直线绝缘子及横担作业的作业流程图。
3. 叙述绝缘手套作业法更换直线绝缘子及横担作业的作业步骤。

▲ 模块 2 编写绝缘手套作业法更换直线杆绝缘子及横担作业指导书（Z58E7002Ⅲ）

【模块描述】本模块包含绝缘手套作业法更换直线绝缘子及横担原理、现场作业指导书编写要求和带电更换直线绝缘子的基本方法等内容。通过对绝缘手套作业法更换直线绝缘子及横担原理讲解、现场作业指导书编写要求和基本方法等内容的介绍，达到掌握作业指导书编写和作业组织指挥的目的。

【模块内容】

一、绝缘手套作业法更换直线杆绝缘子及横担原理

绝缘手套作业法更换直线绝缘子作业原理就是通过对作业范围内的带电导线、绝

缘子、横担应进行有效遮蔽，使用绝缘斗臂车小吊臂、羊角抱杆或吊、支杆等荷载转移工具移出导线，更换直线绝缘子及横担后，逐相移回导线，最后拆绝缘隔离措施。

绝缘手套作业法带电更换直线绝缘子中，作业人员穿戴绝缘防护用具，以绝缘斗臂车的绝缘臂（超过 1m 的有效绝缘）或绝缘梯等绝缘平台为主绝缘，以绝缘罩、绝缘毯等绝缘遮蔽措施为辅助绝缘，其作业核心就是对直线杆绝缘子及横担开展带电更换作业。作业中无论作业人员与接地体或邻相的间隙是否满足安全距离要求，均需对人体可能触及范围内的带电体和接地体进行绝缘遮蔽，必要时还要增加绝缘挡板等限位措施。

二、作业指导书编写要求

配电线路带电作业标准化作业指导书，是对配电线路带电作业全过程控制指导的约束性文件，它针对作业前、作业中和作业后的各个作业环节进行了规范，使作业计划翔实、人员安排妥当、现场勘察清楚、工器具准备齐全、材料准备充足、危险点分析到位、防范措施严密、工艺标准全面，充分体现了现场带电作业全过程、全方位、全员的管理，保证了作业过程处于"能控、在控、可控"状态，以获得最佳秩序与效果，各作业环节层次分明、连接可靠，各作业内容细化、量化和标准化，做到作业闭环管理、作业有程序、安全有措施、质量有标准、考核有依据。具体在编写标准化作业指导书时，应重点注意以下几点要求：

（1）指导书编写人员必须参加现场勘察，主要包括：查明作业范围、核对杆名、杆号；查看作业杆塔周边环境、杆塔结构形式、电气关系（相序、分歧、回路排列、相邻线路、交叉跨越、绝缘配置）、导线型号、导线损伤情况、杆塔运行工况等。如绝缘手套作业法带电更换直线杆绝缘子及横担作业中，必须明确作业点两端交叉跨越情况，直线杆结构形式，导线型号，导线是否受损等内容。

（2）根据杆塔、线路运行工况，现场环境等确定带电作业方法，设计作业步骤，明确工艺标准，确定危险点控制和安全防范措施及注意事项。如确定垂直荷载不超过绝缘操作杆小吊机作业状态的额定值。

（3）根据作业内容合理安排带电作业人员，应安排工作经验丰富的作业人员担任工作负责人，并配备足够的工作班成员。

（4）根据作业内容配备工器具、材料，注意选用的工器具和使用的材料规格要与现场设备相符，使用的绝缘工器具应满足安规要求。

（5）针对现场实际情况和作业方法进行危险点分析，特别关注导线损伤、杆塔结构失稳，构件严重变形、绝缘配置损坏等情况并制定相应的防范措施，危险点分析要考虑作业全过程，防范措施要体现对设备及人员行为的全过程预控。

（6）根据现场实际情况必要时应补充特殊的安全技术措施。如标准化指导书在执行过程中，发现不切合实际、与相关图纸及有关规定不符等情况，应立即停止工作。作业负责人根据现场实际情况及时修改指导书，履行审批手续并做好记录后，按修改后的标准化指导书继续工作。

(7) 在编写标准化作业指导书时，还要使其语言标准化，其原则是：语言简练、通俗易懂、避免口语、语法严谨、标点正确。

三、标准化作业指导书编写

标准化作业指导书可依据《国家电网公司现场标准化作业指导书编制导则》中规定的格式与要求而进行，一般由封面、范围、引用文件、前期准备（包括 1 份现场勘察记录）、流程图、作业程序和工艺标准（包括危险点和控制措施）、验收记录、作业指导书执行情况评估和附录等组成，结合现场实际情况与需要可作适当的删减与合并。

以下为绝缘手套作业法带电更换直线杆绝缘子及横担标准化作业指导书的编写示例，封面如图 7-2-1 所示。

编号：Q/×××

绝缘手套作业法更换直线杆绝缘子及横担作业指导书

批准：＿＿×××＿＿ ×年×月×日
审核：＿＿×××＿＿ ×年×月×日
编写：＿＿×××＿＿ ×年×月×日
作业负责人：＿×××＿
作业时间：×年×月×日×时至×年×月×日×时
××供电公司×××

图 7-2-1 封面

1. 范围

本标准化作业指导书规定了绝缘手套作业法更换直线杆绝缘子及横担标准化作业的检修前准备、检修流程图、检修程序与作业标准、检修记录和验收和等要求。

本标准化作业指导书适用于绝缘手套作业法更换直线杆绝缘子及横担标准化作业。

2. 规范性引用文件

下列文件对于本文件的应用是必不可少的。凡是注日期的引用文件，仅所注日期的版本适用于本文件。凡是不注日期的引用文件，其最新版本（包括所有的修改单）适用于本文件。

GB 12168　带电作业用遮蔽罩

GB 13035　带电作业用绝缘绳索

GB 13398　带电作业用空心绝缘管、泡沫填充绝缘管和实心绝缘棒

GB 17620　带电作业用绝缘硬梯通用技术条件

GB 17622　带电作业用绝缘手套通用技术条件

GB 50173　电气装置安装工程 35kV 及以下架空电力线路施工及验收规范

GB/T 2900.55—2002　电工术语带电作业

GB/T 14286—2002　带电作业工具设备术语

GB/T 18857　配电线路带电作业技术导则

DL/T 778　带电作业用绝缘袖套

DL 779　带电作业用绝缘绳索类工具

DL/T 803　带电作业用绝缘毯

DL/T 880　带电作业用导线软质遮蔽罩

DL/T 1125　10kV 带电作业用绝缘服装

Q/GDW 519　国家电网公司配电网运行规程

Q/GDW 520　国家电网公司带电作业管理规范

国家电网安监〔2009〕664 号　国家电网公司电力安全工作规程（电力线路部分）

国家电网生〔2007〕751 号　国家电网公司带电作业工作管理规定（试行）

3. 检修前准备

（1）准备工作安排。

根据工作安排合理开展准备工作，准备工作内容见表 7-2-1。

表 7-2-1　　　　　　　　　准 备 工 作 安 排

√	序号	内容	标准	备注
	1	确定工作范围及作业方式	确定工作范围及作业方式，明确线路名称、杆号及工作任务	
	2	组织作业人员学习作业指导书，使全体作业人员熟悉作业内容、作业标准、安全注意事项	作业人员明确作业标准	
	3	根据工作时间和工作内容填写工作票	工作票填写正确	

续表

√	序号	内容	标准	备注
	4	准备工器具，所用工器具良好，未超过试验周期	领用绝缘工具、安全用具及辅助器具，核对工器具的使用电压等级和试验周期；作外观检查完好无损；使用绝缘电阻表或绝缘测试仪进行分段绝缘检测，发现阻值低于 700MΩ 的绝缘工具，应及时更换；工器具运输装箱入袋	
	5	危险源点预控卡编制	危险源点分析到位	

（2）劳动组织及人员要求。

1）劳动组织。

劳动组织明确了工作所需人员类别、人员职责和作业人员数量，见表 7-2-2。

表 7-2-2　　　　　　　　　劳 动 组 织

√	序号	人员类别	职责	作业人数
	1	工作负责人（监护人）	1）对工作全面负责，在检修工作中要对作业人员明确分工，保证工作质量； 2）对安全作业方案及工作质量负责； 3）识别现场作业危险源，组织落实防范措施； 4）工作前对工作班成员进行危险点告知，交代安全措施和技术措施，并确认每一个工作班成员都已知晓； 5）对作业过程中的安全进行监护	1人
	2	斗内电工	安装、拆除绝缘隔离措施，按本指导书规定实施作业步骤	2人
	3	杆上电工	按工作负责人指令配合更换直线绝缘子及横担	
	4	地面电工	按工作负责人指令实施作业步骤	1人

2）人员要求。

表 7-2-3 明确了工作人员的精神状态，工作人员的资格包括作业技能、安全资质和特殊工种资质等要求。

表 7-2-3　　　　　　　　　人 员 要 求

√	序号	内容	备注
	1	现场作业人员应身体健康、精神状态良好	
	2	具备必要的电气知识和配网带电作业技能，能正确使用作业工器具，了解设备有关技术标准要求，持有效配网带电作业合格证上岗	
	3	熟悉现场安全作业要求，并经《安规》考试合格	

（3）备品备件与材料。

根据检修项目，确定所需的备品备件与材料，见表 7-2-4。

表 7-2-4 **备 品 备 件 与 材 料**

√	序号	名称	型号及规格	单位	数量	备注
	1					
	2					

（4）工器具与仪器仪表。

工器具与仪器仪表主要包括专用工具、常用工器具、仪器仪表等，见表 7-2-5。

表 7-2-5 **工 器 具 与 仪 器 仪 表**

√	序号	名称	型号及规格	单位	数量	备注
	1	绝缘斗臂车		辆	1	绝缘工作平台，机械及电气强度满足安规要求，周期预防性检查性试验合格
	2	安全防护用具		套	2	绝缘袖套，绝缘衣，绝缘手套等，视工作需要，机械及电气强度满足安规要求，周期预防性检查性试验合格
	3	绝缘遮蔽工具		块	若干	绝缘毯，绝缘挡板，绝缘导线罩，绝缘横担等，视工作需要，机械及电气强度满足安规要求，周期预防性检查性试验合格
	4	绝缘绳		条	若干	
	5	绝缘操作杆		根	若干	5000V 绝缘电阻表进行分段绝缘检测，电阻值应不低于 700MΩ，视工作需要，机械及电气强度满足安规要求，周期预防性检查性试验合格
	6	绝缘横担		根	1	5000V 绝缘电阻表进行分段绝缘检测，电阻值应不低于 700MΩ，视工作需要，机械及电气强度满足安规要求，周期预防性检查性试验合格
	7	5000V 绝缘电阻表		只	1	周期性校验合格
	8	苫布		块	1	

（5）技术资料。

表 7-2-6 要求的技术资料主要包括现场使用的图纸、出厂说明书、检修记录等。

表7-2-6   技术资料

√	序号	名　称	备注
	1		
	2		

（6）检修前设备设施状态。

检修前通过查看表7-2-7的内容，了解待检修设备的运行状态。

表7-2-7   检修前设备设施状态

√	序号	检修前设备设施状态
	1	
	2	

（7）危险点分析与预防控制措施。

表7-2-8规定了绝缘手套作业法更换直线杆绝缘子及横担的危险点与预防控制措施。

表7-2-8   危险点分析与预防控制措施

√	序号	防范类型	危险点	预防控制措施
	1	防触电	人身触电	1）作业过程中，不论线路是否停电，都应始终认为线路有电。 2）确定作业线路重合闸已退出。 3）保持对地最小距离 0.4m，对邻相导线的最小距离0.6m，绝缘绳索类工具有效绝缘长度不小于 0.4m，绝缘操作杆有效绝缘长度不小于0.7m。 4）必须天气良好条件下进行
	2	高空坠落	登高工具不合格及不规范使用登高工具	1）设专职监护人。 2）杆塔上作业转移时，不得失去安全保护。 3）安全带应高挂低用系在杆塔或牢固的构件上，扣牢扣环。 4）杆塔上作业人员应系好安全带，戴好安全帽。 5）检查安全带应安全完好

4. 检修流程图

根据检修设备的结构、检修工艺以及作业环境，将检修作业的全过程优化为最佳的检修步骤顺序，见图7-2-2。

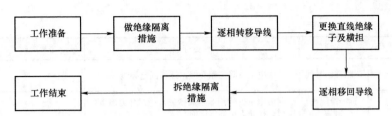

图 7-2-2　绝缘手套作业法更换直线杆绝缘子及横担流程图

5. 检修程序与作业标准

（1）开工。

办理开工许可手续前应检查落实的内容，见表 7-2-9。

表 7-2-9　　　　　　　　　　开 工 内 容 与 要 求

√	序号	内　　　容
	1	工作负责人核对线路名称、杆号，与当值调度员联系
	2	绝缘斗臂车进入合适位置，装好可靠接地，现场装设围栏
	3	工作负责人召集工作人员交代工作任务，对工作班成员进行危险点告知、交代安全措施和技术措施，确认每一个工作班成员都已知晓，检查工作班成员精神状态是否良好，变动是否合适，并进行抽查、问答，对站班会内容应进行录音
	4	根据分工情况整理材料，对安全工具、绝缘工具进行检查、摇测，查看绝缘臂、绝缘斗是否良好，做好工作前的准备工作
	5	斗内电工配合组装绝缘横担，戴好安全防护用具，进入绝缘斗内，挂好保险钩

（2）检修项目与作业标准。

按照检修流程，对每一个检修项目，明确作业标准、注意事项等内容，见表 7-2-10。

表 7-2-10　　　　　　　　　　检修项目与作业标准

√	序号	检修项目	作业标准	注意事项	备注
	1	做绝缘隔离措施	斗内电工操作绝缘斗视情况安装绝缘隔离措施		
	2	逐相转移导线	斗内电工操作绝缘斗臂车自带的吊钩钩住近边相导线并使其略微受力，安装隔离挡板对直线绝缘子作限位隔离后，拆除扎线，斗内电工将导线纳入绝缘横担；同法将远边相、中相导线移入绝缘横担，垂直提升导线	确保相对相与相地的安全距离	
	3	更换直线绝缘子及横担	杆上电工更换直线绝缘子及横担，恢复绝缘隔离		

√	序号	检修项目	作业标准	注意事项	备注
	4	逐相移回导线	斗内电工下降三相导线，逐相固定导线		
	5	拆绝缘隔离措施	斗内电工拆除绝缘隔离措施，绝缘斗退出有电区域，作业人员返回地面		

（3）检修记录。

表 7-2-11 规定了配电网带电作业记录的内容，包括设备类别、工作内容、配网带电作业统计数据等内容。

表 7-2-11　　　　　　　　带 电 作 业 登 记 表

设备类别	
工作内容	
作业方式	
实际作业时间（h）	
多供电量（kWh）	
工作负责人姓名	
带电人员作业时间（h）	
作业人数	
作业日期	
备注	

（4）竣工。

表 7-2-12 规定了工作结束后的注意事项，如清理工作现场、清点工具、回收材料、填写配网带电作业记录、办理工作票终结等内容。

表 7-2-12　　　　　　　　竣 工 内 容 与 要 求

√	序号	内　　　容
	1	工作负责人全面检查，符合验收规范要求后，记录在册并召开收工会进行工作点评后，宣布工作结束
	2	联系当值调度工作已经结束，工作班撤离现场

6. 验收

表 7-2-13 规定了需要填写的内容，包括记录改进和更换的零部件、存在问题及处

理意见、检修单位验收总结评价、运行单位验收意见。

表 7-2-13　　　　　　　　　　　　　验 收 记 录

自验收记录	记录改进和更换的零部件	
	存在问题及处理意见	
验收结论	检修单位验收总结评价	
	运行单位验收意见及签字	

【思考与练习】

1. 绝缘手套作业法更换直线杆绝缘子及横担作业中应对哪些东西进行有效遮蔽？

2. 叙述绝缘手套作业法直线杆绝缘子及横担标准化作业的流程。

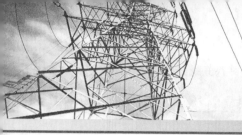

第八章

绝缘手套作业法更换耐张杆绝缘子

▲ 模块1　绝缘手套作业法更换耐张杆绝缘子
（Z58E8001Ⅱ）

【模块描述】本模块包含绝缘手套作业法更换耐张杆绝缘子检修工作程序及相关安全注意事项；通过工艺流程及注意事项介绍，达到掌握绝缘手套作业法更换耐张杆绝缘子作业中的危险点预控、掌握绝缘手套作业法更换耐张杆绝缘子作业的工艺标准和质量要求。

【模块内容】

一、作业内容

配电线路常见的耐张绝缘子材料有玻璃、瓷等，形状基本相同，受各地配电线路导线排列方式、线间距离等因素影响，带电检修工艺略有差异。各地可根据实际情况因地制宜，有针对性地借鉴以下方法。

二、作业方法

带电更换耐张绝缘子通常使用绝缘斗臂车作为主绝缘平台，通过对作业范围内的带电耐张线夹、绝缘子、横担应进行有效遮蔽，对导线进行转移张力，更换耐张绝缘子。

三、作业前准备

（一）作业条件

本作业应在良好天气下进行，如遇雷电（听见雷声、看见闪电）、雪、雹、雨、雾、空气相对湿度超过80%，风力大于5级（10m/s）时，一般不宜进行作业。作业前现场勘察确定满足绝缘斗臂车绝缘手套作业法作业环境条件，主要指停用重合闸、绝缘斗臂车作业条件等，确认线路的终端开关[断路器（开关）或隔离开关（刀闸)]确已断开，接入线路侧的变压器、电压互感器确已退出运行，断引线前作业点后段无负载，接引线前作业点后段无短路、接地。

（二）人员组成

作业人员应由具备配网带电作业资格的工作人员所组成，本项目一般需 4 名。其中工作负责人（监护人）1 名、斗内电工 2 名、地面电工 1 名。工作班成员明确工作内容、工作流程、安全措施、工作中的危险点，并履行确认手续。

（三）工器具及仪器仪表准备

表 8-1-1 为绝缘手套作业法更换耐张杆绝缘子所需主要工器具及仪器仪表。

表 8-1-1　　　　　　　　　　工 器 具 及 仪 器 仪 表

序号	名称	型号及规格	单位	数量	备注
1	绝缘斗臂车		辆	1	绝缘工作平台，机械及电气强度满足安规要求，周期预防性检查性试验合格
2	安全防护用具		套	2	绝缘袖套，绝缘衣，绝缘手套等，视工作需要，机械及电气强度满足安规要求，周期预防性检查性试验合格
3	绝缘遮蔽工具		块	若干	绝缘毯，绝缘挡板，绝缘导线罩，绝缘横担等，视工作需要，机械及电气强度满足安规要求，周期预防性检查性试验合格
4	绝缘紧线装置		套	1	机械及电气强度满足安规要求，周期预防性检查性试验合格
5	卡线器		只	1	电气性能满足工作要求
6	绝缘绳		条	若干	
7	绝缘操作杆		根	若干	5000V 绝缘电阻表进行分段绝缘检测，电阻值应不低于 700MΩ，视工作需要，机械及电气强度满足安规要求，周期预防性检查性试验合格
8	5000V 绝缘电阻表		只	1	周期性校验合格
9	苫布		块	1	

（四）作业流程图（见图 8-1-1）

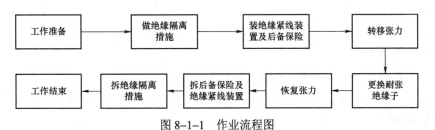

图 8-1-1　作业流程图

四、危险点分析及控制措施（见表 8-1-2）

表 8-1-2　　　　　　　　　　　　危险点分析及控制措施

序号	防范类型	危险点	预防控制措施
1	防触电	人身触电	1）作业过程中，不论线路是否停电，都应始终认为线路有电。 2）确定作业线路重合闸已退出。 3）保持对地最小距离 0.4m，对邻相导线的最小距离 0.6m，绝缘绳索类工具有效绝缘长度不小于 0.4m，绝缘操作杆有效绝缘长度不小于 0.7m。 4）必须天气良好条件下进行
2	高空坠落	登高工具不合格及不规范使用登高工具	1）设专职监护人。 2）杆塔上作业转移时，不得失去安全保护。 3）安全带应高挂低用系在杆塔或牢固的构件上，扣牢扣环。 4）杆塔上作业人员应系好安全带，戴好安全帽。 5）检查安全带应安全完好

五、操作过程

1. 现场操作前的准备

（1）工作负责人应按带电作业工作票内容与当值调度员联系。

（2）工作负责人核对线路名称、杆号。

（3）绝缘斗臂车进入合适位置，并可靠接地，根据道路情况设置安全围栏、警告标志或路障。

（4）工作负责人召集工作人员交代工作任务，对工作班成员进行危险点告知、交代安全措施和技术措施，确认每一个工作班成员都已知晓，检查工作班成员精神状态是否良好，人员是否合适。

（5）根据分工情况整理材料，对安全用具、绝缘工具进行检查，绝缘工具应使用兆欧表或绝缘测试仪进行分段绝缘检测，绝缘电阻值不低于 700 兆欧（在出库前如已测试过的可省去现场测试步骤）。

（6）查看绝缘臂、绝缘斗良好，调试斗臂车（在出车前如已调试过的可省去此步骤）。

（7）斗内电工戴好绝缘手套和防护手套，进入绝缘斗内，挂好保险钩。

2. 操作步骤

（1）斗内电工操作绝缘斗视情况安装绝缘隔离措施。

（2）斗内电工安装绝缘紧线装置，略收导线至耐张绝缘子串松弛，在紧线器外侧加装后备保险。

（3）斗内电工在紧线器外侧加装作为后备保护用的绝缘拉线绳并拉紧固定，在耐张绝缘子上加装绝缘托瓶架。

（4）斗内电工拔除耐张线夹与耐张绝缘子连接螺栓后拆除耐张绝缘子，安装新耐张绝缘子，安装耐张线夹与耐张绝缘子连接螺栓。

（5）斗内电工检查受力情况，恢复张力。

（6）斗内电工拆除绝缘拉线绳并放松紧线器，使绝缘子受力后，拆下紧线器及绝缘联板。

（7）斗内电工拆除绝缘隔离措施，绝缘斗退出有电区域，作业人员返回地面。

【思考与练习】

1. 绝缘手套作业法带负荷更换更换耐张杆绝缘子作业工具有哪些？
2. 叙述绝缘手套作业法带负荷更换更换耐张杆绝缘子作业的作业流程图。
3. 叙述绝缘手套作业法带负荷更换更换耐张杆绝缘子作业的作业步骤。

▲ 模块 2　编写绝缘手套作业法更换耐张绝缘子作业指导书（Z58E8002Ⅲ）

【模块描述】本模块包含绝缘手套作业法更换耐张绝缘子原理、现场作业指导书编写要求和带电更换直线绝缘子的基本方法等内容。通过对绝缘手套作业法更换耐张绝缘子原理讲解、现场作业指导书编写要求和基本方法等内容的介绍，达到掌握作业指导书编写和作业组织指挥的目的。

【模块内容】

一、绝缘手套作业法更换耐张绝缘子原理

带电更换耐张绝缘子作业原理就是通过对作业范围内的带电耐张线夹、绝缘子、横担应进行有效遮蔽，对导线进行转移张力，更换耐张绝缘子，再恢复张力，最后拆绝缘隔离措施。

绝缘手套作业法带电更换耐张绝缘子中，作业人员穿戴绝缘防护用具，以绝缘斗臂车的绝缘臂（超过 1m 的有效绝缘）或绝缘梯等绝缘平台为主绝缘，以绝缘罩、绝缘毯等绝缘遮蔽措施为辅助绝缘，其作业核心就是对耐张绝缘子进行带电更换作业。作业中无论作业人员与接地体或邻相的间隙是否满足安全距离要求，均需对人体可能触及范围内的带电体和接地体进行绝缘遮蔽，必要时还要增加绝缘挡板等限位措施。

二、作业指导书编写要求

配电线路带电作业标准化作业指导书，是对配电线路带电作业全过程控制指导的约束性文件，它针对作业前、作业中和作业后的各个作业环节进行了规范，使作业计划翔实、人员安排妥当、现场勘察清楚、工器具准备齐全、材料准备充足、危险点分析到位、防范措施严密、工艺标准全面，充分体现了现场带电作业全过程、全方位、全员的管理，保证了作业过程处于"能控、在控、可控"状态，以获得最佳秩序与效果，各作业环节层次分明、连接可靠，各作业内容细化、量化和标准化，做到作业闭环管理、作业有程序、安全有措施、质量有标准、考核有依据。具体在编写标准化作业指导书时，应重点注意以下几点要求：

（1）指导书编写人员必须参加现场勘察，主要包括：查明作业范围、核对杆名、杆号；查看作业杆塔周边环境、杆塔结构形式、电气关系（相序、分歧、回路排列、相邻线路、交叉跨越、绝缘配置）、导线型号、导线损伤情况、杆塔运行工况等。如绝缘手套作业法带电绝缘手套作业法更换耐张绝缘子作业中，必须明确作业点两端交叉跨越情况，直线杆结构形式，导线型号，导线是否受损等内容。

（2）根据杆塔、线路运行工况，现场环境等确定带电作业方法，设计作业步骤，明确工艺标准，确定危险点控制和安全防范措施及注意事项。如确定垂直荷载不超过绝缘操作杆小吊机作业状态的额定值。

（3）根据作业内容合理安排带电作业人员，应安排工作经验丰富的作业人员担任工作负责人，并配备足够的工作班成员。

（4）根据作业内容配备工器具、材料，注意选用的工器具和使用的材料规格要与现场设备相符，使用的绝缘工器具应满足安规要求。

（5）针对现场实际情况和作业方法进行危险点分析，特别关注导线损伤、杆塔结构失稳，构件严重变形、绝缘配置损坏等情况并制定相应的防范措施，危险点分析要考虑作业全过程，防范措施要体现对设备及人员行为的全过程预控。

（6）根据现场实际情况必要时应补充特殊的安全技术措施。如标准化指导书在执行过程中，发现不切合实际、与相关图纸及有关规定不符等情况，应立即停止工作。作业负责人根据现场实际情况及时修改指导书，履行审批手续并做好记录后，按修改后的标准化指导书继续工作。

（7）在编写标准化作业指导书时，还要使其语言标准化，其原则是：语言简练、通俗易懂、避免口语、语法严谨、标点正确。

三、标准化作业指导书编写

标准化作业指导书可依据《国家电网公司现场标准化作业指导书编制导则》中规定的格式与要求而进行，一般由封面、范围、引用文件、前期准备（包括1份现场勘察记录）、流程图、作业程序和工艺标准（包括危险点和控制措施）、验收记录、作业指导书执行情况评估和附录等组成，结合现场实际情况与需要可作适当的删减与合并。

以下为绝缘手套作业法更换耐张绝缘子标准化作业指导书的编写示例，封面如图 8-2-1 所示。

编号：Q/×××

绝缘手套作业法更换耐张绝缘子标准化作业指导书

批准：＿＿×××＿＿＿ ×年×月×日

审核：＿＿×××＿＿＿ ×年×月×日

编写：＿＿×××＿＿ ×年×月×日

作业负责人：＿×××＿

作业时间：×年×月×日×时至×年×月×日×时

××供电公司×××

图 8-2-1　封面

1. 范围

本标准化作业指导书规定了绝缘手套作业法更换耐张绝缘子标准化作业的检修前准备、检修流程图、检修程序与作业标准、检修记录和验收和等要求。

本标准化作业指导书适用于绝缘手套作业法更换耐张绝缘子标准化作业。

2. 规范性引用文件

下列文件对于本文件的应用是必不可少的。凡是注日期的引用文件，仅所注日期的版本适用于本文件。凡是不注日期的引用文件，其最新版本（包括所有的修改单）适用于本文件。

GB 12168　带电作业用遮蔽罩

GB 13035　带电作业用绝缘绳索

GB 13398　带电作业用空心绝缘管、泡沫填充绝缘管和实心绝缘棒

GB 17622　带电作业用绝缘手套通用技术条件

GB 50173　电气装置安装工程 35kV 及以下架空电力线路施工及验收规范

GB/T 2900.55—2002　电工术语带电作业

GB/T 14286—2002　带电作业工具设备术语

GB/T 18857　配电线路带电作业技术导则

DL/T 778　带电作业用绝缘袖套

DL 779　带电作业用绝缘绳索类工具

DL/T 803　带电作业用绝缘毯

DL/T 880 带电作业用导线软质遮蔽罩

DL/T 1125 10kV 带电作业用绝缘服装

Q/GDW 519 国家电网公司配电网运行规程

Q/GDW 520 国家电网公司带电作业管理规范

国家电网安监〔2009〕664 号 国家电网公司电力安全工作规程（电力线路部分）

国家电网生〔2007〕751 号 国家电网公司带电作业工作管理规定（试行）

3. 检修前准备

（1）准备工作安排。

根据工作安排合理开展准备工作，准备工作内容见表 8-2-1。

表 8-2-1 准 备 工 作 安 排

√	序号	内容	标准	备注
	1	确定工作范围及作业方式	确定工作范围及作业方式，明确线路名称、杆号及工作任务	
	2	组织作业人员学习作业指导书，使全体作业人员熟悉作业内容、作业标准、安全注意事项	作业人员明确作业标准	
	3	根据工作时间和工作内容填写工作票	工作票填写正确	
	4	准备工器具，所用工器具良好，未超过试验周期	领用绝缘工具、安全用具及辅助器具，核对工器具的使用电压等级和试验周期；作外观检查完好无损；使用绝缘电阻表或绝缘测试仪进行分段绝缘检测，发现阻值低于 700MΩ 的绝缘工具，应及时更换；工器具运输装箱入袋	
	5	危险源点预控卡编制	危险源点分析到位	

（2）劳动组织及人员要求。

1）劳动组织。

劳动组织明确了工作所需人员类别、人员职责和作业人员数量，见表 8-2-2。

表 8-2-2 劳 动 组 织

√	序号	人员类别	职责	作业人数
	1	工作负责人（监护人）	1）对工作全面负责，在检修工作中要对作业人员明确分工，保证工作质量； 2）对安全作业方案及工作质量负责； 3）识别现场作业危险源，组织落实防范措施； 4）工作前对工作班成员进行危险点告知，交代安全措施和技术措施，并确认每一个工作班成员都已知晓； 5）对作业过程中的安全进行监护	1 人

√	序号	人员类别	职责	作业人数
	2	斗内电工	按工作负责人指令安装、拆除绝缘隔离措施，按本指导书规定实施作业步骤	2人
	3	地面电工	按工作负责人指令实施作业步骤	1人

2）人员要求。

表8-2-3明确了工作人员的精神状态，工作人员的资格包括作业技能、安全资质和特殊工种资质等要求。

表8-2-3　　　　　　　　人 员 要 求

√	序号	内　容	备注
	1	现场作业人员应身体健康、精神状态良好	
	2	具备必要的电气知识和配网带电作业技能，能正确使用作业工器具，了解设备有关技术标准要求，持有效配网带电作业合格证上岗	
	3	熟悉现场安全作业要求，并经《安规》考试合格	

（3）备品备件与材料。

根据检修项目，确定所需的备品备件与材料，见表8-2-4。

表8-2-4　　　　　　　备 品 备 件 与 材 料

√	序号	名称	型号及规格	单位	数量	备注
	1					
	2					

（4）工器具与仪器仪表。

工器具与仪器仪表主要包括专用工具、常用工器具、仪器仪表等，见表8-2-5。

表8-2-5　　　　　　工 器 具 与 仪 器 仪 表

√	序号	名称	型号及规格	单位	数量	备注
	1	绝缘斗臂车		辆	1	绝缘工作平台，机械及电气强度满足安规要求，周期预防性检查性试验合格
	2	安全防护用具		套	2	绝缘袖套，绝缘衣，绝缘手套等，视工作需要，机械及电气强度满足安规要求，周期预防性检查性试验合格

续表

√	序号	名称	型号及规格	单位	数量	备注
	3	绝缘遮蔽工具		块	若干	绝缘毯，绝缘挡板，绝缘导线罩，绝缘横担等，视工作需要，机械及电气强度满足安规要求，周期预防性检查性试验合格
	4	绝缘紧线装置		套	1	机械及电气强度满足安规要求，周期预防性检查性试验合格
	5	卡线器		只	1	电气性能满足工作要求
	6	绝缘绳		条	若干	
	7	绝缘操作杆		根	若干	5000V 绝缘电阻表进行分段绝缘检测，电阻值应不低于 700MΩ，视工作需要，机械及电气强度满足安规要求，周期预防性检查性试验合格
	8	5000V 绝缘电阻表		只	1	周期性校验合格
	9	苫布		块	1	

（5）技术资料。

表 8-2-6 要求的技术资料主要包括现场使用的图纸、出厂说明书、检修记录等。

表 8-2-6   技 术 资 料

√	序号	名　　称	备注
	1		
	2		

（6）检修前设备设施状态。

检修前通过查看表 8-2-7 的内容，了解待检修设备的运行状态。

表 8-2-7   检修前设备设施状态

√	序号	检修前设备设施状态
	1	
	2	

（7）危险点分析与预防控制措施。

表 8-2-8 规定了绝缘手套作业法更换耐张绝缘子的危险点与预防控制措施。

表 8-2-8 危险点分析与预防控制措施

√	序号	防范类型	危险点	预防控制措施
	1	防触电	人身触电	1）作业过程中，不论线路是否停电，都应始终认为线路有电； 2）确定作业线路重合闸已退出； 3）保持对地最小距离 0.4m，对邻相导线的最小距离 0.6m，绝缘绳索类工具有效绝缘长度不小于 0.4m，绝缘操作杆有效绝缘长度不小于 0.7m； 4）必须天气良好条件下进行
	2	高空坠落	登高工具不合格及不规范使用登高工具	1）设专职监护人； 2）杆塔上作业转移时，不得失去安全保护； 3）安全带应高挂低用系在杆塔或牢固的构件上，扣牢扣环； 4）杆塔上作业人员应系好安全带，戴好安全帽； 5）检查安全带应安全完好

4. 检修流程图

根据检修设备的结构、检修工艺以及作业环境，将检修作业的全过程优化为最佳的检修步骤顺序（见图 8-2-2）。

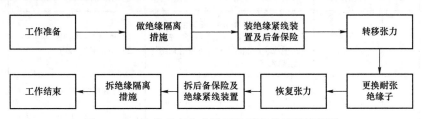

图 8-2-2 绝缘手套作业法更换耐张绝缘子流程图

5. 检修程序与作业标准

（1）开工。

办理开工许可手续前应检查落实的内容，见表 8-2-9。

表 8-2-9 开 工 内 容 与 要 求

√	序号	内 容
	1	工作负责人核对线路名称、杆号，与当值调度员联系
	2	绝缘斗臂车进入合适位置，装好可靠接地，现场装设围栏

√	序号	内　　容
	3	工作负责人召集工作人员交代工作任务,对工作班成员进行危险点告知、交代安全措施和技术措施,确认每一个工作班成员都已知晓,检查工作班成员精神状态是否良好,变动是否合适,并进行抽查、问答,对站班会内容应进行录音
	4	根据分工情况整理材料,对安全工具、绝缘工具进行检查、摇测,查看绝缘臂、绝缘斗是否良好,做好工作前的准备工作
	5	斗内电工戴好安全防护用具,进入绝缘斗内,挂好保险钩

（2）检修项目与作业标准。

按照检修流程,对每一个检修项目,明确作业标准、注意事项等内容,见表8-2-10。

表 8-2-10　　　　　　　　　　检修项目与作业标准

√	序号	检修项目	作业标准	注意事项	备注
	1	做绝缘隔离措施	斗内电工操作绝缘斗视情况安装绝缘隔离措施		
	2	装绝缘紧线装置及后备保险	斗内电工安装绝缘紧线装置,略收导线至耐张绝缘子松弛,在紧线器外侧加装后备保险		
	3	转移张力	收紧导线,使耐张绝缘子自然松弛	避免导线过牵引	
	4	更换耐张绝缘子	斗内电工拔除耐张线夹与耐张绝缘子连接螺栓后拆除耐张绝缘子,安装新耐张绝缘子,安装耐张线夹与耐张绝缘子连接螺栓	1）避免斗内电工侵犯间隙; 2）防止高空落物	
	5	恢复张力	斗内电工检查受力情况,恢复张力	三相耐张绝缘子的更换,可按由简单到复杂、先易后难的原则进行,或先两侧、后中间	
	6	拆后备保险及绝缘紧线装置	斗内电工拆除后备保险及绝缘紧线装置	注意拆除后备保险及绝缘紧线装置的顺序	
	7	拆绝缘隔离措施	斗内电工拆除绝缘隔离措施,绝缘斗退出有电区域,作业人员返回地面	按由上到下、由远到近、由小到大的原则进行	

（3）检修记录。

表8-2-11规定了配电网带电作业记录的内容,包括:设备类别、工作内容、配网带电作业统计数据等内容。

表 8-2-11   带 电 作 业 登 记 表

设备类别	
工作内容	
作业方式	
实际作业时间（h）	
多供电量（kWh）	
工作负责人姓名	
带电人员作业时间（h）	
作业人数	
作业日期	
备注	

（4）竣工。

表 8-2-12 规定了工作结束后的注意事项，如清理工作现场、清点工具、回收材料、填写配网带电作业记录、办理工作票终结等内容。

表 8-2-12   竣 工 内 容 与 要 求

√	序号	内　　容
	1	工作负责人全面检查，符合验收规范要求后，记录在册并召开收工会进行工作点评后，宣布工作结束
	2	联系当值调度工作已经结束，工作班撤离现场

6. 验收

表 8-2-13 规定了需要填写的内容，包括记录改进和更换的零部件、存在问题及处理意见、检修单位验收总结评价、运行单位验收意见。

表 8-2-13   验 收 记 录

自验收记录	记录改进和更换的零部件	
	存在问题及处理意见	
验收结论	检修单位验收总结评价	
	运行单位验收意见及签字	

【思考与练习】

1. 绝缘手套作业法更换耐张绝缘子作业中应对哪些东西进行有效遮蔽？
2. 叙述绝缘手套作业法更换耐张绝缘子标准化作业的流程。

国家电网有限公司
技能人员专业培训教材 配电带电作业

第二部分

带电作业第三、四类作业法

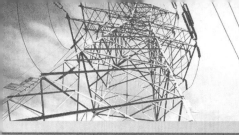

第九章

绝缘杆作业法更换直线绝缘子

▲ 模块1　绝缘杆作业法更换直线杆绝缘子（Z58F1001Ⅱ）

【模块描述】本模块包含绝缘杆作业法带电更换直线绝缘子工作程序及相关安全注意事项等内容。通过操作过程、安全注意事项的详细分析介绍，和模拟线路操作技能训练，了解绝缘杆作业法带电更换直线绝缘子作业中的危险点预控；掌握绝缘杆作业法带电更换直线绝缘子作业的操作技能；掌握绝缘杆作业法带电更换直线绝缘子的工艺标准和质量要求。

【模块内容】

一、作业内容

本模块主要讲述绝缘杆作业法更换直线绝缘子工作。

二、作业方法

本模块主要介绍采取脚扣绝缘杆作业法。

绝缘杆作业法更换直线绝缘子作业为复杂作业。由于各地配电线路选型的不同，导线排列方式、线间距离、导线连接方式区别很大，工器具也形式多样，所以做法不尽相同。各地可根据实际情况因地制宜，有针对性地借鉴以下方法，切忌生搬硬套。

三、作业前准备

（一）作业条件

本作业应在良好天气下进行，如遇雷电（听见雷声、看见闪电）、雪、雹、雨、雾、空气相对湿度超过80%，风力大于5级（10m/s）时，一般不宜进行作业。

（二）人员组成

本作业项目作业人员应由具备带电作业资格并审验合格的工作人员所组成，本作业项目共计4名。其中工作负责人1名（监护人）、杆上电工2名、地面电工1名。

（三）主要工器具及仪器仪表准备

更换直线绝缘子作业所需主要工器具及仪器仪表（见表9–1–1）。

表 9-1-1　　　　　　　　　　　工 器 具 及 仪 器 仪 表

序号	名称	型号及规格	单位	数量	备注
1	安全防护用具		套	2	绝缘袖套,绝缘衣,绝缘手套等,视工作需要,机械及电气强度满足安规要求,周期预防性检查性试验合格
2	绝缘遮蔽工具		块	若干	绝缘毯,绝缘挡板,绝缘导线罩,绝缘横担等,视工作需要,机械及电气强度满足安规要求,周期预防性检查性试验合格
3	绝缘绳		条	若干	5000V 绝缘电阻表进行分段绝缘检测,电阻值应不低于 700MΩ,视工作需要,机械及电气强度满足安规要求,周期预防性检查性试验合格
4	绝缘操作杆		根	若干	5000V 绝缘电阻表进行分段绝缘检测,电阻值应不低于 700MΩ,视工作需要,机械及电气强度满足安规要求,周期预防性检查性试验合格
5	5000V 绝缘电阻表		只	1	周期性校验合格
6	苫布		块	1	

注　已略去配电线路带电作业常备的工器具(如绝缘电阻测量仪表)、登杆工具和材料等。

（四）作业流程图（见图 9-1-1）

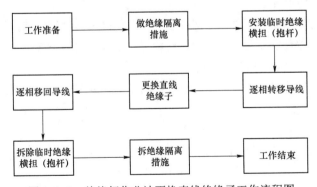

图 9-1-1　绝缘杆作业法更换直线绝缘子工作流程图

四、危险点分析及控制措施

危险点及控制措施见表 9-1-2。

表 9-1-2　　　　　　　　　　危险点分析及控制措施

序号	防范类型	危险点	预防控制措施
1	防触电	人身触电	1）作业过程中，不论线路是否停电，都应始终认为线路有电。 2）确定作业线路重合闸已退出。 3）保持对地最小距离 0.4m，对邻相导线的最小距离 0.6m，绝缘绳索类工具有效绝缘长度不小于 0.4m，绝缘操作杆有效绝缘长度不小于 0.7m。 4）必须天气良好条件下进行
2	高空坠落	登高工具不合格及不规范使用登高工具	1）杆塔上作业转移时，不得失去安全保护。 2）安全带应高挂低系在杆塔或牢固的构件上，扣牢扣环。 3）杆塔上作业人员应系好安全带，戴好安全帽。 4）检查安全带应安全完好

五、操作过程

1. 现场操作前的准备

（1）工作负责人应按带电作业工作票内容与当值调度员联系；

（2）工作负责人核对线路名称、杆号；

（3）工作前工作负责人检查现场实际状态；

（4）根据道路情况设置安全围栏、警告标志或路障；

（5）工作负责人召集工作人员交代工作任务，对工作班成员进行危险点告知、交代安全措施和技术措施，确认每一个工作班成员都已知晓，检查工作班成员精神状态是否良好，人员是否合适；

（6）根据分工情况整理材料，对安全用具、绝缘工具进行检查，绝缘工具应使用2500 伏绝缘表或绝缘测试仪进行分段绝缘检测，绝缘电阻值不低于 700 兆欧（在出库前如已测试过的可省去现场测试步骤）；

（7）杆上电工登杆前，应先检查电杆基础及电杆表面质量符合要求，并进行试登试拉，检查登杆工具。

2. 操作步骤

（1）1 号、2 号电工登杆至有电线路下方各适当位置，并与带电导线保持 0.4m 以上安全距离。

（2）1 号电工、2 号电工各自做好三相导线的绝缘措施。

（3）2 号电工在横担 A、B 相中间装设临时绝缘子，在绝缘子边缘做好绝缘措施（A、B、C 指近边相、中相、远边相，与实际运行线路相位无关）。

（4）1 号电工配合 2 号电工将 B 相导线移至临时绝缘子上扎上并做好绝缘措施，将绝缘管升高 0.5m 并固定好。

（5）2 号电工配合 1 号电工在原横担下装设绝缘组合横担并保持三相导线相间距离。

（6）组装完毕后，由 2 号电工配合 1 号电工将 B 相导线移至绝缘横担上中相锁定并把绝缘管升高至有效的安全距离大于 0.5m 并固定好。

（7）2 号电工配合 1 号电工将 C 相导线移至绝缘横担上并锁定并把绝缘管升高至有效的安全距离大于 0.5m 并固定好。

（8）2 号电工配合 1 号电工将 A 相导线移至绝缘横担上并锁定并把绝缘管升高至有效的安全距离大于 0.5m 并固定好。

（9）2 号电工更换绝缘子并做好绝缘子的绝缘措施。

（10）1 号电工配合 2 号电工把绝缘横担的 C 相导线移至新的 C 相处并用扎线器扎上。

（11）1 号电工配合 2 号电工把绝缘横担的 A 相导线移至新的 A 相处并用扎线器扎上。

（12）2 号电工在横担 A、B 相中间装设临时绝缘子，在绝缘子边缘做好绝缘措施。

（13）1 号电工配合 2 号电工把绝缘横担的 B 相导线移至新的 B 相处并用扎线器扎上。

（14）2 号电工配合 1 号电工拆除绝缘组合横担。

（15）工作完毕后，汇报当值调度工作已经结束，工作班撤离现场。

【思考与练习】

1. 绝缘杆作业法更换直线绝缘子作业绝缘遮蔽工具有哪些？
2. 叙述绝缘杆作业法更换直线绝缘子作业的作业流程图。
3. 叙述绝缘杆作业法更换直线绝缘子作业的作业步骤。

▲ 模块 2　编写绝缘杆作业法更换直线绝缘子作业指导书（Z58F1002Ⅲ）

【模块描述】本模块包含绝缘杆作业法更换直线绝缘子原理、现场作业指导书编写要求和带电更换直线绝缘子的基本方法等内容。通过对绝缘杆作业法更换直线绝缘子原理讲解、现场作业指导书编写要求和基本方法等内容的介绍，达到掌握作业指导书编写和作业组织指挥的目的。

【模块内容】

一、带电更换直线杆绝缘子原理

带电更换直线杆绝缘子作业原理就是通过对作业范围内的带电导线、绝缘子、横担进行有效遮蔽，使用绝缘遮蔽罩等对导线进行绝缘遮蔽，安装绝缘横担并转移导线，更换绝缘子，拆除绝缘横担等，更换直线杆绝缘子后，恢复绝缘。

绝缘手套作业法带电更换直线杆绝缘子中，作业人员穿绝缘靴、戴绝缘手套等防护用具，以绝缘操作杆为主绝缘，以绝缘遮蔽罩、绝缘毯、绝缘挡板等绝缘遮蔽措施为辅助绝缘，其作业核心就是对固定在直线绝缘子开展带电更换作业。作业中无论作业人员与接地体或邻相的间隙是否满足安全距离要求，均需对人体可能触及范围内的带电体和接地体进行绝缘遮蔽，必要时还要增加绝缘挡板等限位措施。

二、作业指导书编写要求

配电线路带电作业标准化作业指导书，是对配电线路带电作业全过程控制指导的约束性文件，它针对作业前、作业中和作业后的各个作业环节进行了规范，使作业计划翔实、人员安排妥当、现场勘察清楚、工器具准备齐全、材料准备充足、危险点分析到位、防范措施严密、工艺标准全面，充分体现了现场带电作业全过程、全方位、全员的管理，保证了作业过程处于"能控、在控、可控"状态，以获得最佳秩序与效果，各作业环节层次分明、连接可靠，各作业内容细化、量化和标准化，做到作业闭环管理、作业有程序、安全有措施、质量有标准、考核有依据。具体在编写标准化作业指导书时，应重点注意以下几点要求：

（1）指导书编写人员必须参加现场勘察，主要包括：查明作业范围、核对杆名、杆号；查看作业杆塔周边环境、杆塔结构形式、电气关系（相序、分歧、回路排列、相邻线路、交叉跨越、绝缘配置）、导线型号、导线损伤情况、杆塔运行工况等。如绝缘手套作业法带电更换直线绝缘子作业中，必须明确作业点两端交叉跨越情况，直线杆结构形式，导线型号，导线是否受损等内容。

（2）根据杆塔、线路运行工况，现场环境等确定带电作业方法，设计作业步骤，明确工艺标准，确定危险点控制和安全防范措施及注意事项。如确定垂直荷载不超过绝缘操作杆小吊机作业状态的额定值。

（3）根据作业内容合理安排带电作业人员，应安排工作经验丰富的作业人员担任工作负责人，并配备足够的工作班成员。

（4）根据作业内容配备工器具、材料，注意选用的工器具和使用的材料规格要与现场设备相符，使用的绝缘工器具应满足安规要求。

（5）针对现场实际情况和作业方法进行危险点分析，特别关注导线损伤、杆塔结构失稳，构件严重变形、绝缘配置损坏等情况并制定相应的防范措施，危险点分析要考虑作业全过程，防范措施要体现对设备及人员行为的全过程预控。

（6）根据现场实际情况必要时应补充特殊的安全技术措施。如标准化指导书在执行过程中，发现不切合实际、与相关图纸及有关规定不符等情况，应立即停止工作。作业负责人根据现场实际情况及时修改指导书，履行审批手续并做好记录后，按修改后的标准化指导书继续工作。

（7）在编写标准化作业指导书时，还要使其语言标准化，其原则是：语言简练、通俗易懂、避免口语、语法严谨、标点正确。

三、标准化作业指导书编写

标准化作业指导书可依据《国家电网公司现场标准化作业指导书编制导则》中规定的格式与要求而进行，一般由封面、范围、引用文件、前期准备（包括 1 份现场勘察记录）、流程图、作业程序和工艺标准（包括危险点和控制措施）、验收记录、作业指导书执行情况评估和附录等组成，结合现场实际情况与需要可作适当的删减与合并。

以下为绝缘手套作业法带电更换直线绝缘子标准化作业指导书的编写示例，封面如图 9-2-1 所示。

编号：Q/×××

绝缘杆作业法更换直线绝缘子作业指导书

批准：＿＿×××＿＿＿×年×月×日
审核：＿＿×××＿＿＿×年×月×日
编写：＿＿×××＿＿×年×月×日
作业负责人：＿×××＿
作业时间：×年×月×日×时至×年×月×日×时
××供电公司×××

图 9-2-1　封面

1. 范围

本标准化作业指导书规定了绝缘杆作业法更换直线杆绝缘子标准化作业的检修前准备、检修流程图、检修程序与作业标准、检修记录和验收和等要求。

本标准化作业指导书适用于绝缘杆作业法更换直线杆绝缘子标准化作业。

2. 规范性引用文件

下列文件对于本文件的应用是必不可少的。凡是注日期的引用文件，仅所注日期的版本适用于本文件。凡是不注日期的引用文件，其最新版本（包括所有的修改单）适用于本文件。

GB 12168　带电作业用遮蔽罩

GB 13035　带电作业用绝缘绳索

GB 13398　带电作业用空心绝缘管、泡沫填充绝缘管和实心绝缘棒

GB 17620　带电作业用绝缘硬梯通用技术条件

GB 17622　带电作业用绝缘手套通用技术条件

GB 50173　电气装置安装工程 35kV 及以下架空电力线路施工及验收规范

GB/T 2900.55—2002　电工术语带电作业

GB/T 14286—2002　带电作业工具设备术语

GB/T 18857　配电线路带电作业技术导则

DL/T 778　带电作业用绝缘袖套

DL 779　带电作业用绝缘绳索类工具

DL/T 803　带电作业用绝缘毯

DL/T 880　带电作业用导线软质遮蔽罩

DL/T 1125　10kV 带电作业用绝缘服装

Q/GDW 519　国家电网公司配电网运行规程

Q/GDW 520　国家电网公司带电作业管理规范

国家电网安监〔2009〕664 号　国家电网公司电力安全工作规程（电力线路部分）

国家电网生〔2007〕751 号　国家电网公司带电作业工作管理规定（试行）

3. 检修前准备

（1）准备工作安排。

根据工作安排合理开展准备工作，准备工作内容见表 9-2-1。

表 9-2-1　　　　　　　　　　　准 备 工 作 安 排

√	序号	内容	标准	备注
	1	确定工作范围及作业方式	确定工作范围及作业方式，明确线路名称、杆号及工作任务	
	2	组织作业人员学习作业指导书，使全体作业人员熟悉作业内容、作业标准、安全注意事项	作业人员明确作业标准	
	3	根据工作时间和工作内容填写工作票	工作票填写正确	

续表

√	序号	内容	标准	备注
	4	准备工器具,所用工器具良好,未超过试验周期	领用绝缘工具、安全用具及辅助器具,核对工器具的使用电压等级和试验周期;作外观检查完好无损;使用绝缘电阻表或绝缘测试仪进行分段绝缘检测,发现阻值低于700MΩ的绝缘工具,应及时更换;工器具运输装箱入袋	
	5	危险源点预控卡编制	危险源点分析到位	

(2)劳动组织及人员要求。

1)劳动组织。

劳动组织明确了工作所需人员类别、人员职责和作业人员数量,见表9-2-2。

表9-2-2   劳 动 组 织

√	序号	人员类别	职责	作业人数
	1	工作负责人(监护人)	1)对工作全面负责,在检修工作中要对作业人员明确分工,保证工作质量; 2)对安全作业方案及工作质量负责; 3)识别现场作业危险源,组织落实防范措施; 4)工作前对工作班成员进行危险点告知,交代安全措施和技术措施,并确认每一个工作班成员都已知晓; 5)对作业过程中的安全进行监护	1人
	2	杆上电工	按工作负责人指令安装、拆除绝缘隔离措施,按本指导书规定实施作业步骤	2人
	3	地面电工	按工作负责人指令实施作业步骤	1人

2)人员要求。

表9-2-3明确了工作人员的精神状态,工作人员的资格包括作业技能、安全资质和特殊工种资质等要求。

表9-2-3   人 员 要 求

√	序号	内 容	备注
	1	现场作业人员应身体健康、精神状态良好	
	2	具备必要的电气知识和配网带电作业技能,能正确使用作业工器具,了解设备有关技术标准要求,持有效配网带电作业合格证上岗	
	3	熟悉现场安全作业要求,并经《安规》考试合格	

（3）备品备件与材料。

根据检修项目，确定所需的备品备件与材料，见表 9–2–4。

表 9–2–4　　　　　　　　备 品 备 件 与 材 料

√	序号	名称	型号及规格	单位	数量	备注
	1					
	2					

（4）工器具与仪器仪表。

工器具与仪器仪表主要包括专用工具、常用工器具、仪器仪表等，见表 9–2–5。

表 9–2–5　　　　　　　　工 器 具 与 仪 器 仪 表

√	序号	名称	型号及规格	单位	数量	备注
	1	安全防护用具		套	2	绝缘袖套，绝缘衣，绝缘手套等，视工作需要，机械及电气强度满足安规要求，周期预防性检查性试验合格
	2	绝缘遮蔽工具		块	若干	绝缘毯，绝缘挡板，绝缘导线罩，绝缘横担等，视工作需要，机械及电气强度满足安规要求，周期预防性检查性试验合格
	3	绝缘绳		条	若干	5000V 绝缘电阻表进行分段绝缘检测，电阻值应不低于 700MΩ，视工作需要，机械及电气强度满足安规要求，周期预防性检查性试验合格
	4	绝缘操作杆		根	若干	5000V 绝缘电阻表进行分段绝缘检测，电阻值应不低于 700MΩ，视工作需要，机械及电气强度满足安规要求，周期预防性检查性试验合格
	5	5000V 绝缘电阻表		只	1	周期性校验合格
	6	苫布		块	1	

（5）技术资料。

表 9–2–6 要求的技术资料主要包括现场使用的图纸、出厂说明书、检修记录等。

表 9–2–6　　　　　　　　技 术 资 料

√	序号	名　称	备注
	1		
	2		

（6）检修前设备设施状态。

检修前通过查看表 9–2–7 的内容，了解待检修设备的运行状态。

表 9–2–7   检修前设备设施状态

√	序号	检修前设备设施状态
	1	
	2	

（7）危险点分析与预防控制措施。

表 9–2–8 规定了绝缘杆作业法更换直线杆绝缘子的危险点与预防控制措施。

表 9–2–8   危险点分析与预防控制措施

√	序号	防范类型	危险点	预防控制措施
	1	防触电	人身触电	1）作业过程中，不论线路是否停电，都应始终认为线路有电。 2）确定作业线路重合闸已退出。 3）保持对地最小距离 0.4m，对邻相导线的最小距离 0.6m，绝缘绳索类工具有效绝缘长度不小于 0.4m，绝缘操作杆有效绝缘长度不小于 0.7m。 4）必须天气良好条件下进行
	2	高空坠落	登高工具不合格及不规范使用登高工具	1）杆塔上作业转移时，不得失去安全保护。 2）安全带应高挂低用系在杆塔或牢固的构件上，扣牢扣环。 3）杆塔上作业人员应系好安全带，戴好安全帽。 4）检查安全带应安全完好

4. 检修流程图

根据检修设备的结构、检修工艺以及作业环境，将检修作业的全过程优化为最佳的检修步骤顺序（见图 9–2–2）。

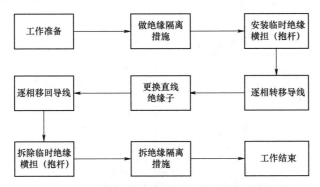

图 9–2–2　绝缘杆作业法更换直线杆绝缘子流程图

5. 检修程序与作业标准

（1）开工。

办理开工许可手续前应检查落实的内容，见表 9-2-9。

表 9-2-9 　　　　　　　　　 开 工 内 容 与 要 求

√	序号	内容
	1	工作负责人核对线路名称、杆号，与当值调度员联系
	2	工作现场设置安全护栏、作业标志和相关警示标志
	3	工作负责人召集工作人员交代工作任务，对工作班成员进行危险点告知、交代安全措施和技术措施，确认每一个工作班成员都已知晓，检查工作班成员精神状态是否良好，变动是否合适，并进行抽查、问答，对站班会内容应进行录音
	4	根据分工情况整理材料，对安全工具、绝缘工具进行检查、摇测，做好工作前的准备工作
	5	杆上电工戴好安全防护用具，做好作业准备

（2）检修项目与作业标准。

按照检修流程，对每一个检修项目，明确作业标准、注意事项等内容，见表 9-2-10。

表 9-2-10 　　　　　　　　 检 修 项 目 与 作 业 标 准

√	序号	检修项目	作业标准	注意事项	备注
	1	安装绝缘隔离	杆上电工登杆至有电线路下方各适当位置，做好三相导线的绝缘隔离	1）上下传递工器具应使用绝缘绳； 2）绝缘隔离应严实、牢固，遮蔽重叠部分应大于 15cm	
	2	安装绝缘横担并转移导线	1）杆上电工在横担 A、B 相中间装设临时绝缘子，在绝缘子边缘做好绝缘隔离（A、B、C 指近边相、中相、远边相，与实际运行线路相位无关）； 2）杆上电工将 B 相导线移至临时绝缘子上扎上并做好绝缘隔离，将绝缘管升高 0.5m 并固定好； 3）杆上电工在原横担下装设绝缘组合横担并保持三相导线相间距离； 4）杆上电工将 B 相导线移至绝缘横担上中相锁定并把绝缘管升高至有效的安全距离大于 0.5m 并固定好； 5）杆上电工将 C 相导线移至绝缘横担上并锁定并把绝缘管升高至有效的安全距离大于 0.5m 并固定好； 6）杆上电工将 A 相导线移至绝缘横担上并锁定并把绝缘管升高至有效的安全距离大于 0.5m 并固定好	1）上下传递工器具应使用绝缘绳； 2）拆扎线时应注意扎线展放长度	

续表

√	序号	检修项目	作业标准	注意事项	备注
	3	更换绝缘子	杆上电工相互配合更换绝缘子并做好绝缘子的绝缘隔离措施	1）上下传递工器具应使用绝缘绳； 2）杆上电工应注意站位高度，充分保证作业安全距离	
	4	移回并固定导线	1）杆上电工把绝缘横担的 C 相导线移至新的 C 相处并用扎线器扎上； 2）杆上电工把绝缘横担的 C 相导线移至新的 C 相处并用扎线器扎上； 3）杆上电工在横担 A、B 相中间装设临时绝缘子，在绝缘子边缘做好绝缘隔离措施； 4）杆上电工把绝缘横担的 B 相导线移至新的 B 相处并用扎线器扎上	1）杆上电工应注意站位角度，以及控制动作方向和幅度； 2）绑扎线时应注意扎线展放长度	
	5	拆除绝缘横担	杆上电工拆除绝缘组合横担	上下传递工器具应使用绝缘绳	
	6	拆除绝缘隔离	杆上电工撤除绝缘隔离，返回地面	上下传递工器具应使用绝缘绳	

（3）检修记录。

表 9-2-11 规定了配电网带电作业记录的内容，包括：设备类别、工作内容、配网带电作业统计数据等内容。

表 9-2-11　　　　　　　　　　带 电 作 业 登 记 表

设备类别	
工作内容	
作业方式	
实际作业时间（h）	
多供电量（kWh）	
工作负责人姓名	
带电人员作业时间（h）	
作业人数	
作业日期	
备注	

（4）竣工。

表 9-2-12 规定了工作结束后的注意事项，如清理工作现场、清点工具、回收材料、

填写配电网带电作业记录、办理工作票终结等内容。

表 9-2-12 竣 工 内 容 与 要 求

√	序号	内　　容
	1	工作负责人全面检查,符合验收规范要求后,记录在册并召开收工会进行工作点评后,宣布工作结束
	2	联系当值调度工作已经结束,工作班撤离现场

6. 验收

表 9-2-13 规定了需要填写的内容,包括记录改进和更换的零部件、存在问题及处理意见、检修单位验收总结评价、运行单位验收意见。

表 9-2-13 验 收 记 录

自验收记录	记录改进和更换的零部件	
	存在问题及处理意见	
验收结论	检修单位验收总结评价	
	运行单位验收意见及签字	

【思考与练习】

1. 绝缘杆作业法带电更换直线绝缘子作业中应对哪些东西进行有效遮蔽?

2. 叙述绝缘杆作业法带电更换直线绝缘子标准化作业的流程。

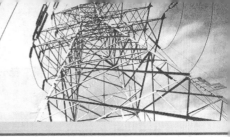

第十章

绝缘杆作业法更换直线杆绝缘子及横担

◢ 模块 1 绝缘杆作业法更换直线杆绝缘子及横担（Z58F2001Ⅱ）

【模块描述】本模块包含绝缘杆作业法更换直线绝缘子及横担工作程序及相关安全注意事项等内容。通过操作过程、安全注意事项的详细分析介绍，和模拟线路操作技能训练，了解绝缘杆作业法带电更换直线绝缘子及横担作业中的危险点预控；掌握绝缘杆作业法带电更换直线绝缘子及横担作业的操作技能；掌握绝缘杆作业法带电更换直线绝缘子及横担的工艺标准和质量要求。

【模块内容】

一、作业内容

本模块主要讲述绝缘杆作业法更换直线绝缘子及横担工作。

二、作业方法

本模块主要介绍采取脚扣绝缘杆作业法。

绝缘杆作业法更换直线绝缘子及横担作业为复杂作业。由于各地配电线路选型的不同，导线排列方式、线间距离、导线连接方式区别很大，工器具也形式多样，所以做法不尽相同。各地可根据实际情况因地制宜，有针对性地借鉴以下方法，切忌生搬硬套。

三、作业前准备

（一）作业条件

本作业应在良好天气下进行，如遇雷电（听见雷声、看见闪电）、雪、雹、雨、雾、空气相对湿度超过 80%，风力大于 5 级（10m/s）时，一般不宜进行作业。

（二）人员组成

本作业项目作业人员应由具备带电作业资格并审验合格的工作人员所组成，本作业项目共计 4 名。其中工作负责人 1 名（监护人）、杆上电工 2 名、地面电工 1 名。

（三）主要工器具及仪器仪表准备

更换直线绝缘子及横担作业所需主要工器具及仪器仪表，见表 10-1-1。

表 10-1-1　　　　　　　　　　工 器 具 及 仪 器 仪 表

序号	名称	型号及规格	单位	数量	备　注
1	安全防护用具		套	2	绝缘袖套，绝缘衣，绝缘手套等，视工作需要，机械及电气强度满足安规要求，周期预防性检查性试验合格
2	绝缘遮蔽工具		块	若干	绝缘毯，绝缘挡板，绝缘导线罩，绝缘横担等，视工作需要，机械及电气强度满足安规要求，周期预防性检查性试验合格
3	绝缘绳		根	若干	5000V 绝缘电阻表进行分段绝缘检测，电阻值应不低于 700MΩ，视工作需要，机械及电气强度满足安规要求，周期预防性检查性试验合格
4	绝缘操作杆		根	若干	5000V 绝缘电阻表进行分段绝缘检测，电阻值应不低于 700MΩ，视工作需要，机械及电气强度满足安规要求，周期预防性检查性试验合格
5	5000V 绝缘电阻表		只	1	周期性校验合格
6	苫布		块	1	

（四）作业流程图（见图 10-1-1）

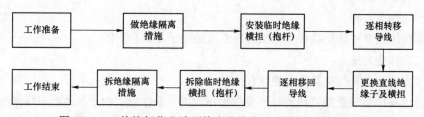

图 10-1-1　绝缘杆作业法更换直线绝缘子及横担工作流程图

四、危险点分析及控制措施

危险点及控制措施见表 10-1-2。

表 10-1-2　　　　　　　　　　危险点分析及控制措施

序号	防范类型	危险点	预防控制措施
1	防触电	人身触电	1）作业过程中，不论线路是否停电，都应始终认为线路有电。 2）确定作业线路重合闸已退出。 3）保持对地最小距离 0.4m，对邻相导线的最小距离 0.6m，绝缘绳索类工具有效绝缘长度不小于 0.4m，绝缘操作杆有效绝缘长度不小于 0.7m。 4）必须天气良好条件下进行

序号	防范类型	危险点	预防控制措施
2	高空坠落	登高工具不合格及不规范使用登高工具	1）杆塔上作业转移时，不得失去安全保护。 2）安全带应高挂低用系在杆塔或牢固的构件上，扣牢扣环。 3）杆塔上作业人员应系好安全带、戴好安全帽。 4）检查安全带应安全完好

五、操作过程

1. 现场操作前的准备

（1）工作负责人应按带电作业工作票内容与当值调度员联系。

（2）工作负责人核对线路名称、杆号。

（3）工作前工作负责人检查现场实际状态。

（4）根据道路情况设置安全围栏、警告标志或路障。

（5）工作负责人召集工作人员交代工作任务，对工作班成员进行危险点告知、交代安全措施和技术措施，确认每一个工作班成员都已知晓，检查工作班成员精神状态是否良好，人员是否合适。

（6）根据分工情况整理材料，对安全用具、绝缘工具进行检查，绝缘工具应使用2500V绝缘表或绝缘测试仪进行分段绝缘检测，绝缘电阻值不低于 700MΩ（在出库前如已测试过的可省去现场测试步骤）。

（7）杆上电工登杆前，应先检查电杆基础及电杆表面质量符合要求，并进行试登试拉，检查登杆工具。

2. 操作步骤

（1）1 号、2 号电工登杆至有电线路下方各适当位置，并与带电导线保持 0.4m 以上安全距离，做好三相导线的绝缘隔离。

（2）1 号电工、2 号电工配合安装绝缘横担。

（3）2 号电工在横担 A、B 相中间装设临时绝缘子，在绝缘子边缘做好绝缘措施。

（4）1 号电工配合 2 号电工将 B 相导线移至临时绝缘子上扎上并做好绝缘措施，将绝缘管升高 0.5m 并固定好。

（5）2 号电工配合 1 号电工在原横担下装设绝缘组合横担并保持三相导线相间距离。

（6）组装完毕后，由 2 号电工配合 1 号电工将 B 相导线移至绝缘横担上中相锁定并把绝缘管升高至有效的安全距离大于 0.5m 并固定好。

（7）2 号电工配合 1 号电工将 C 相导线移至绝缘横担上并锁定并把绝缘管升高

至有效的安全距离大于 0.5m 并固定好。

（8）2 号电工配合 1 号电工将 A 相导线移至绝缘横担上并锁定并把绝缘管升高至有效的安全距离大于 0.5m 并固定好。

（9）2 号电工更换直线横担及绝缘子并做好绝缘子的绝缘措施。

（10）1 号电工配合 2 号电工把绝缘横担的 C 相导线移至新的 C 相处并用扎线器扎上。

（11）1 号电工配合 2 号电工把绝缘横担的 A 相导线移至新的 A 相处并用扎线器扎上。

（12）2 号电工在横担 A、B 相中间装设临时绝缘子，在绝缘子边缘做好绝缘措施。

（13）1 号电工配合 2 号电工把绝缘横担的 B 相导线移至新的 B 相处并用扎线器扎上。

（14）2 号电工配合 1 号电工拆除绝缘组合横担。

（15）工作结束后作业人员撤除绝缘隔离，返回地面。

【思考与练习】

1. 绝缘杆作业法更换直线绝缘子及横担作业绝缘遮蔽工具有哪些？

2. 叙述绝缘杆作业法换更直线绝缘子及横担作业的作业流程图。

3. 叙述绝缘杆作业法更换直线绝缘子及横担作业的作业步骤。

▲ 模块 2　编写绝缘杆作业法更换直线杆绝缘子及横担作业指导书（Z58F2002Ⅲ）

【模块描述】本模块包含绝缘杆作业法更换直线绝缘子及横担原理、现场作业指导书编写要求和带电更换直线绝缘子的基本方法等内容。通过对绝缘杆作业法更换直线绝缘子及横担原理讲解、现场作业指导书编写要求和基本方法等内容的介绍，达到掌握作业指导书编写和作业组织指挥的目的。

【模块内容】

一、带电更换直线杆绝缘子及横担原理

带电更换直线杆绝缘子及横担作业原理就是通过对作业范围内的带电导线、绝缘子、横担进行有效遮蔽，使用绝缘遮蔽罩等对导线进行绝缘遮蔽，安装绝缘横担并转移导线，更换绝缘子及横担，拆除绝缘横担等。更换直线杆绝缘子及横担后，恢复绝缘。

绝缘手套作业法带电更换直线杆绝缘子及横担中，作业人员穿绝缘靴、戴绝缘手套等防护用具，以绝缘操作杆为主绝缘，以绝缘遮蔽罩、绝缘毯、绝缘挡板等绝缘遮

蔽措施为辅助绝缘，其作业核心就是对直线杆上的绝缘子及横担开展带电更换作业。作业中无论作业人员与接地体或邻相的间隙是否满足安全距离要求，均需对人体可能触及范围内的带电体和接地体进行绝缘遮蔽，必要时还要增加绝缘挡板等限位措施。

二、作业指导书编写要求

配电线路带电作业标准化作业指导书，是对配电线路带电作业全过程控制指导的约束性文件，它针对作业前、作业中和作业后的各个作业环节进行了规范，使作业计划翔实、人员安排妥当、现场勘察清楚、工器具准备齐全、材料准备充足、危险点分析到位、防范措施严密、工艺标准全面，充分体现了现场带电作业全过程、全方位、全员的管理，保证了作业过程处于"能控、在控、可控"状态，以获得最佳秩序与效果，各作业环节层次分明、连接可靠，各作业内容细化、量化和标准化，做到作业闭环管理、作业有程序、安全有措施、质量有标准、考核有依据。具体在编写标准化作业指导书时，应重点注意以下几点要求：

（1）指导书编写人员必须参加现场勘察，主要包括：查明作业范围、核对杆名、杆号；查看作业杆塔周边环境、杆塔结构形式、电气关系（相序、分歧、回路排列、相邻线路、交叉跨越、绝缘配置）、导线型号、导线损伤情况、杆塔运行工况等。如绝缘手套作业法带电更换直线杆绝缘子及横担作业中，必须明确作业点两端交叉跨越情况，直线杆结构形式，导线型号，导线是否受损等内容。

（2）根据杆塔、线路运行工况，现场环境等确定带电作业方法，设计作业步骤，明确工艺标准，确定危险点控制和安全防范措施及注意事项。如确定垂直荷载不超过绝缘操作杆小吊机作业状态的额定值。

（3）根据作业内容合理安排带电作业人员，应安排工作经验丰富的作业人员担任工作负责人，并配备足够的工作班成员。

（4）根据作业内容配备工器具、材料，注意选用的工器具和使用的材料规格要与现场设备相符，使用的绝缘工器具应满足安规要求。

（5）针对现场实际情况和作业方法进行危险点分析，特别关注导线损伤、杆塔结构失稳、构件严重变形、绝缘配置损坏等情况并制定相应的防范措施，危险点分析要考虑作业全过程，防范措施要体现对设备及人员行为的全过程预控。

（6）根据现场实际情况必要时应补充特殊的安全技术措施。如标准化指导书在执行过程中，发现不切合实际、与相关图纸及有关规定不符等情况，应立即停止工作。作业负责人根据现场实际情况及时修改指导书，履行审批手续并做好记录后，按修改后的标准化指导书继续工作。

（7）在编写标准化作业指导书时，还要使其语言标准化，其原则是：语言简练、通俗易懂、避免口语、语法严谨、标点正确。

三、标准化作业指导书编写

标准化作业指导书可依据《国家电网公司现场标准化作业指导书编制导则》中规定的格式与要求而进行，一般由封面、范围、引用文件、前期准备（包括 1 份现场勘察记录）、流程图、作业程序和工艺标准（包括危险点和控制措施）、验收记录、作业指导书执行情况评估和附录等组成，结合现场实际情况与需要可作适当的删减与合并。

以下为绝缘手套作业法带电更换直线杆绝缘子及横担标准化作业指导书的编写示例，封面如图 10–2–1 所示。

编号：Q/×××

绝缘杆作业法更换直线杆绝缘子及横担作业指导书

批准：＿×××＿ ×年×月×日
审核：＿×××＿ ×年×月×日
编写：＿×××＿ ×年×月×日
作业负责人：＿×××＿
作业时间：×年×月×日×时至×年×月×日×时
××供电公司×××

图 10–2–1 封面

1. 范围

本标准化作业指导书规定了绝缘杆作业法更换直线杆绝缘子及横担标准化作业的检修前准备、检修流程图、检修程序与作业标准、检修记录和验收和等要求。

本标准化作业指导书适用于绝缘杆作业法更换直线杆绝缘子及横担标准化作业。

2. 规范性引用文件

下列文件对于本文件的应用是必不可少的。凡是注日期的引用文件，仅所注日期的版本适用于本文件。凡是不注日期的引用文件，其最新版本（包括所有的修改单）适用于本文件。

GB 12168 带电作业用遮蔽罩

GB 13035 带电作业用绝缘绳索

GB 13398 带电作业用空心绝缘管、泡沫填充绝缘管和实心绝缘棒

GB 17620 带电作业用绝缘硬梯通用技术条件

GB 17622 带电作业用绝缘手套通用技术条件

GB 50173 电气装置安装工程 35kV 及以下架空电力线路施工及验收规范

GB/T 2900.55—2002 电工术语带电作业

GB/T 14286—2002 带电作业工具设备术语

GB/T 18857 配电线路带电作业技术导则

DL/T 778 带电作业用绝缘袖套

DL 779 带电作业用绝缘绳索类工具

DL/T 803 带电作业用绝缘毯

DL/T 880 带电作业用导线软质遮蔽罩

DL/T 1125 10kV 带电作业用绝缘服装

Q/GDW 519 国家电网公司配电网运行规程

Q/GDW 520 国家电网公司带电作业管理规范

国家电网安监〔2009〕664 号 国家电网公司电力安全工作规程（电力线路部分）

国家电网生〔2007〕751 号 国家电网公司带电作业工作管理规定（试行）

3. 检修前准备

（1）准备工作安排。

根据工作安排合理开展准备工作，准备工作内容见表 10–2–1。

表 10–2–1　　　　　　　　　　准 备 工 作 安 排

√	序号	内　容	标　准	备注
	1	确定工作范围及作业方式	确定工作范围及作业方式，明确线路名称、杆号及工作任务	
	2	组织作业人员学习作业指导书，使全体作业人员熟悉作业内容、作业标准、安全注意事项	作业人员明确作业标准	
	3	根据工作时间和工作内容填写工作票	工作票填写正确	
	4	准备工器具，所用工器具良好，未超过试验周期	领用绝缘工具、安全用具及辅助器具，核对工器具的使用电压等级和试验周期；作外观检查完好无损；使用绝缘电阻表或绝缘测试仪进行分段绝缘检测，发现阻值低于 700MΩ 的绝缘工具，应及时更换；工器具运输装箱入袋	
	5	危险源点预控卡编制	危险源点分析到位	

（2）劳动组织及人员要求。

1）劳动组织。

劳动组织明确了工作所需人员类别、人员职责和作业人员数量，见表10-2-2。

表10-2-2 劳 动 组 织

√	序号	人员类别	职　责	作业人数
	1	工作负责人（监护人）	1）对工作全面负责，在检修工作中要对作业人员明确分工，保证工作质量； 2）对安全作业方案及工作质量负责； 3）识别现场作业危险源，组织落实防范措施； 4）工作前对工作班成员进行危险点告知，交代安全措施和技术措施，并确认每一个工作班成员都已知晓； 5）对作业过程中的安全进行监护	1人
	2	杆上电工	按工作负责人指令安装、拆除绝缘隔离措施，按本指导书规定实施作业步骤	2人
	3	地面电工	按工作负责人指令实施作业步骤	1人

2）人员要求。

表10-2-3明确了工作人员的精神状态，工作人员的资格包括作业技能、安全资质和特殊工种资质等要求。

表10-2-3 人 员 要 求

√	序号	内　容	备注
	1	现场作业人员应身体健康、精神状态良好	
	2	具备必要的电气知识和配网带电作业技能，能正确使用作业工器具，了解设备有关技术标准要求，持有效配网带电作业合格证上岗	
	3	熟悉现场安全作业要求，并经《安规》考试合格	

（3）备品备件与材料。

根据检修项目，确定所需的备品备件与材料，见表10-2-4。

表10-2-4 备 品 备 件 与 材 料

√	序号	名称	型号及规格	单位	数量	备　注
	1					
	2					

（4）工器具与仪器仪表。

工器具与仪器仪表主要包括专用工具、常用工器具、仪器仪表等，见表10-2-5。

表 10-2-5　　　　　　　　　　　工 器 具 与 仪 器 仪 表

√	序号	名称	型号及规格	单位	数量	备　注
	1	安全防护用具		套	2	绝缘袖套，绝缘衣，绝缘手套等，视工作需要，机械及电气强度满足安规要求，周期预防性检查性试验合格
	2	绝缘遮蔽工具		块	若干	绝缘毯，绝缘挡板，绝缘导线罩，绝缘横担等，视工作需要，机械及电气强度满足安规要求，周期预防性检查性试验合格
	3	绝缘绳		根	若干	5000V 绝缘电阻表进行分段绝缘检测，电阻值应不低于 700MΩ，视工作需要，机械及电气强度满足安规要求，周期预防性检查性试验合格
	4	绝缘操作杆		根	若干	5000V 绝缘电阻表进行分段绝缘检测，电阻值应不低于 700MΩ，视工作需要，机械及电气强度满足安规要求，周期预防性检查性试验合格
	5	5000V 绝缘电阻表		只	1	周期性校验合格
	6	苦布		块	1	

（5）技术资料。

表 10-2-6 要求的技术资料主要包括现场使用的图纸、出厂说明书、检修记录等。

表 10-2-6　　　　　　　　　　技 术 资 料

√	序号	名　称	备注
	1		
	2		

（6）检修前设备设施状态。

检修前通过查看表 10-2-7 的内容，了解待检修设备的运行状态。

表 10-2-7　　　　　　　　　检修前设备设施状态

√	序号	检修前设备设施状态
	1	
	2	

（7）危险点分析与预防控制措施。

表 10-2-8 规定了绝缘杆作业法更换直线杆绝缘子及横担的危险点与预防控制措施。

表 10-2-8　　　　　　　　　危险点分析与预防控制措施

√	序号	防范类型	危险点	预防控制措施
	1	防触电	人身触电	1）作业过程中，不论线路是否停电，都应始终认为线路有电。 2）确定作业线路重合闸已退出。 3）保持对地最小距离 0.4m，对邻相导线的最小距离 0.6m，绝缘绳索类工具有效绝缘长度不小于 0.4m，绝缘操作杆有效绝缘长度不小于 0.7m。 4）必须天气良好条件下进行
	2	高空坠落	登高工具不合格及不规范使用登高工具	1）杆塔上作业转移时，不得失去安全保护。 2）安全带应高挂低用系在杆塔或牢固的构件上，扣牢扣环。 3）杆塔上作业人员应系好安全带，戴好安全帽。 4）检查安全带应安全完好

4. 检修流程图

根据检修设备的结构、检修工艺以及作业环境，将检修作业的全过程优化为最佳的检修步骤顺序（见图 10-2-2）。

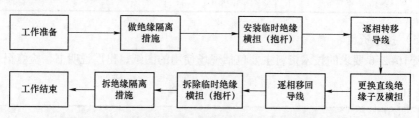

图 10-2-2　绝缘杆作业法更换直线杆绝缘子及横担流程图

5. 检修程序与作业标准

（1）开工。

办理开工许可手续前应检查落实的内容，见表 10-2-9。

表 10-2-9　　　　　　　　　　开 工 内 容 与 要 求

√	序号	内　　　容
	1	工作负责人核对线路名称、杆号，与当值调度员联系
	2	工作现场设置安全护栏、作业标志和相关警示标志
	3	工作负责人召集工作人员交代工作任务，对工作班成员进行危险点告知、交代安全措施和技术措施，确认每一个工作班成员都已知晓，检查工作班成员精神状态是否良好，变动是否合适，并进行抽查、问答，对站班会内容应进行录音
	4	根据分工情况整理材料，对安全工具、绝缘工具进行检查、摇测，做好工作前的准备工作
	5	杆上电工戴好安全防护用具，做好作业准备

（2）检修项目与作业标准。

按照检修流程，对每一个检修项目，明确作业标准、注意事项等内容，见表 10–2–10。

表 10–2–10　　　　　　　　　检修项目与作业标准

√	序号	检修项目	作业标准	注意事项	备注
	1	安装绝缘隔离	杆上电工登杆至有电线路下方各适当位置，做好三相导线的绝缘隔离	1）上下传递工器具应使用绝缘绳； 2）绝缘隔离应严实、牢固，遮蔽重叠部分应大于 15cm	
	2	安装绝缘横担并转移导线	1）杆上电工在横担 A、B 相中间装设临时绝缘子，在绝缘子边缘做好绝缘隔离（A、B、C 指近边相、中相、远边相，与实际运行线路相位无关）； 2）杆上电工将 B 相导线移至临时绝缘子上扎上并做好绝缘隔离，将绝缘管升高 0.5m 并固定好； 3）杆上电工在原横担下装设绝缘组合横担并保持三相导线相间距离； 4）杆上电工将 B 相导线移至绝缘横担上中相锁定并把绝缘管升高至有效的安全距离大于 0.5m 并固定好； 5）杆上电工将 C 相导线移至绝缘横担上并锁定并把绝缘管升高至有效的安全距离大于 0.5m 并固定好； 6）杆上电工将 A 相导线移至绝缘横担上并锁定并把绝缘管升高至有效的安全距离大于 0.5m 并固定好	1）上下传递工器具应使用绝缘绳； 2）拆扎线时应注意扎线展放长度	
	3	更换绝缘子及横担	杆上电工相互配合更换绝缘子及横担并做好绝缘子的绝缘隔离措施	1）上下传递工器具应使用绝缘绳； 2）杆上电工应注意站位高度，充分保证作业安全距离	
	4	移回并固定导线	1）杆上电工把绝缘横担的 C 相导线移至新的 C 相处并用扎线器扎上； 2）杆上电工把绝缘横担的 C 相导线移至新的 C 相处并用扎线器扎上； 3）杆上电工在横担 A、B 相中间装设临时绝缘子，在绝缘子边缘做好绝缘隔离措施； 4）杆上电工把绝缘横担的 B 相导线移至新的 B 相处并用扎线器扎上	1）杆上电工应注意站位角度，以及控制动作方向和幅度； 2）绑扎线时应注意扎线展放长度	
	5	拆除绝缘横担	杆上电工拆除绝缘组合横担	上下传递工器具应使用绝缘绳	
	6	拆除绝缘隔离	杆上电工撤除绝缘隔离，返回地面	上下传递工器具应使用绝缘绳	

（3）检修记录。

表 10-2-11 规定了配电网带电作业记录的内容，包括：设备类别、工作内容、配电网带电作业统计数据等内容。

表 10-2-11　　　　　　　　　带 电 作 业 登 记 表

设备类别	
工作内容	
作业方式	
实际作业时间（h）	
多供电量（kWh）	
工作负责人姓名	
带电人员作业时间（h）	
作业人数	
作业日期	
备注	

（4）竣工。

表 10-2-12 规定了工作结束后的注意事项，如清理工作现场、清点工具、回收材料、填写配电网带电作业记录、办理工作票终结等内容。

表 10-2-12　　　　　　　　　竣 工 内 容 与 要 求

√	序号	内　　　　容
	1	工作负责人全面检查，符合验收规范要求后，记录在册并召开收工会进行工作点评后，宣布工作结束
	2	联系当值调度工作已经结束，工作班撤离现场

6. 验收

表 10-2-13 规定了需要填写的内容，包括记录改进和更换的零部件、存在问题及处理意见、检修单位验收总结评价、运行单位验收意见。

表 10-2-13　　　　　　　　　验 收 记 录

自验收记录	记录改进和更换的零部件	
	存在问题及处理意见	
验收结论	检修单位验收总结评价	
	运行单位验收意见及签字	

【思考与练习】

1. 绝缘杆作业法带电更换直线绝缘子及横担作业中应对哪些东西进行有效遮蔽？

2. 画出绝缘杆作业法带电更换直线绝缘子及横担的标准化作业指导书流程图。

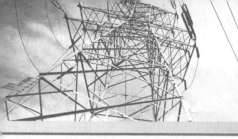

第十一章

带电立、撤杆

▲ 模块1 绝缘手套作业法带电立、撤杆（Z58F3001Ⅱ）

【模块描述】本模块包含绝缘手套作业法带电立、撤杆工作程序及相关安全注意事项等内容。通过操作过程、安全注意事项的详细分析介绍，和模拟线路操作技能训练，了解绝缘手套作业法带电立、撤杆作业中的危险点预控；掌握绝缘手套作业法带电立、撤杆作业的操作技能；掌握绝缘手套作业法带电立、撤杆的工艺标准和质量要求。

【模块内容】

一、作业内容

带电立、撤杆作业是除绝缘手套作业法断接引线外，常规配网带电作业最实用的项目。由于各地配电线路结构的差异，导线排列方式、线间距离、档距、高差等因素对带电立、撤杆作业工艺有直接影响，不尽相同，实际作业中应根据实际情况因地制宜，有针对性地借鉴以下方法，切忌生搬硬套。

二、作业方法

绝缘斗臂车绝缘手套作业法。带电立、撤杆作业通常使用 1～2 辆绝缘斗臂车作为主绝缘平台，吊车立杆，作业现场如图 11-1-1 所示。某些特定场合也可由工作人员穿着全套防护用具，采用绝缘梯、绝缘平台作为绝缘平台，抱杆立杆，由于作业较复杂，一般不采用此种方式带电立杆。

图 11-1-1 2 辆绝缘斗臂车联合
作业带电立杆现场

本模块以 1 辆绝缘斗臂车、吊车配合，线档内插立 12m 电杆为例讲解带电立杆，线档内拔 12m 直线杆为例讲解带电撤杆。

三、作业前准备

（一）作业条件

作业应在满足安全规程和相关标准规定的良好天气下进行，如遇雷电（听见雷声、看见闪电）、雪雹、雨雾和空气相对湿度超过 80%、风力大于 5 级（10m/s）时，不宜进行本作业。带电立杆前现场勘察，必须查勘现场具备带电作业条件，档距合适，待立电杆完好到位，朝向正确，坑洞合适。带电撤杆前现场勘察，检查电杆符合拔杆要求，必要时稳固加强杆身后开挖基础。

（二）人员组成

作业人员应由具备配网带电作业资格的工作人员所组成，本项目一般需 5~6 名。其中工作负责人（监护人）1 名、斗内电工 2 名、地面电工 2~3 名。工作班成员明确工作内容、工作流程、安全措施、工作中的危险点，并履行确认手续。

选用有带电立撤杆经验的吊车操作员，预先明确由专人发出"起重臂升降、伸缩，吊钩收放"等能精确控制电杆运动的起重指挥信号。

（三）工器具及仪器仪表准备

表 11-1-1 为绝缘手套作业法带电立、撤杆所需主要工器具及仪器仪表。

表 11-1-1 工器具及仪器仪表

√	序号	名称	型号及规格	单位	数量	备 注
	1	绝缘绳		条	若干	
	2	绝缘操作杆		根	若干	视工作需要
	3	绝缘斗臂车		辆	1	绝缘工作平台
	4	绝缘遮蔽工具		块	若干	绝缘毯，绝缘挡板，绝缘导线罩等，视工作需要
	5	吊车		辆	1	起立电杆
	6	安全防护用具		套	2	绝缘袖套，绝缘衣，绝缘靴，绝缘手套等，视工作需要
	7	角铁横担		块	1	立杆辅助装置，链式安装，用于扶正杆身、连接电杆接地线
	8	电杆		根	1	
	9	直线绝缘子		只	若干	针式、蝶式、瓷横担，视工作需要
	10	直线角铁横担		块	若干	视工作需要
	11	扎线		圈	若干	视工作需要

（四）作业流程图

带电立杆作业流程图如图 11-1-2 所示。

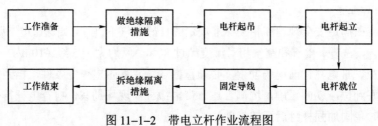

图 11-1-2　带电立杆作业流程图

带电撤杆作业流程图如图 11-1-3 所示。

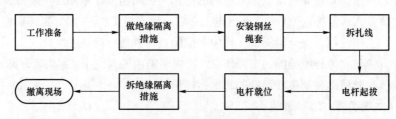

图 11-1-3　带电撤杆作业流程图

四、危险点分析及控制措施（见表 11-1-2）

表 11-1-2　　　　　　　危险点分析及控制措施

√	序号	防范类型	危险点	控制措施	备注
		防触电	人身触电	作业过程中，不论线路是否停电，都应始终认为线路有电	
				必须停用重合闸	
				保持对地最小距离 0.4m，对邻相导线的最小距离 0.6m，绝缘绳索类工具有效绝缘长度不小于 0.4m，绝缘操作杆有效绝缘长度不小于 0.7m	
				必须天气良好条件下进行	
		防高空坠落	登高工具不合格及不规范使用登高工具	设专职监护人	
				作业前，绝缘斗臂车应进行空斗操作，确认液压传动、升降、伸缩、回转系统工作正常、操作灵活，制动装置可靠	
				安全带应系在牢固的构件上，扣牢扣环	
				斗内电工应系好安全带，戴好安全帽	
				检查杆根、拉线应牢固可靠	

续表

√	序号	防范类型	危险点	控制措施	备注
		防机械伤害	吊车支撑不稳,过载使用	吊车腿支撑牢固	
				估算最大起重负载,确定杆根没有浇注,否则开挖基础	
		防物体打击	物体散落	作业面边缘设置安全围栏,范围 1.2 倍杆高,严禁无关人员入内	
				可能坠落范围内严禁站人	

五、操作过程

（一）带电立直线杆

1. 现场操作前的准备

（1）工作负责人应按带电作业工作票内容与当值调度员联系。

（2）工作负责人核对线路名称、杆号。

（3）工作前工作负责人检查电杆质量符合要求。

（4）绝缘斗臂车、吊车进入合适位置,并可靠接地;根据道路情况设置安全围栏、警告标志或路障。

（5）工作负责人召集工作人员交代工作任务,对工作班成员进行危险点告知、交代安全措施和技术措施,确认每一个工作班成员都已知晓,检查工作班成员精神状态是否良好,人员是否合适。

（6）根据分工情况整理材料,对安全用具、绝缘工具进行检查,绝缘工具应使用兆欧表或绝缘测试仪进行分段绝缘检测,绝缘电阻值不低于 700 兆欧（在出库前如已测试过的可省去现场测试步骤）。

（7）查看绝缘臂、绝缘斗良好,调试斗臂车（在出车前如已调试过的可省去此步骤）。

（8）斗内电工戴好绝缘手套和防护手套,进入绝缘斗内,挂好保险钩。

2. 操作步骤

（1）斗内电工将绝缘斗调整至适当位置视情况对需隔离的设备进行绝缘隔离,系好辅助拉绳。

（2）工作负责人指挥在电杆合适位置安装钢丝绳套,将吊钩朝向杆梢穿入,指挥将电杆起吊。

（3）工作负责人指挥将电杆起立,接近导线时,地面电工控制辅助拉绳拉开两边相导线,斗内电工控制辅助拉绳拉开中相导线,保证电杆与导线保持适当距离。

（4）工作负责人指挥吊车操作员收钢丝绳，待电杆稍稍离地，指挥地面人员将杆根纳入杆洞，指挥吊车操作员松钢丝绳，电杆垂直入洞。

（5）地面电工控制辅助拉绳确保电杆两侧边相绝缘隔离措施有效，斗内电工控制辅助拉绳确保电杆两侧中相绝缘隔离措施有效，地面电工正杆，回土夯实，吊钩脱离，拆除钢丝绳套。

（6）工作负责人指挥将电杆起立，接近导线时，地面电工控制辅助拉绳拉开两边相导线，斗内电工控制辅助拉绳拉开中相导线，保证电杆与导线保持适当距离。

（7）工作负责人指挥吊车操作员收钢丝绳，待电杆稍稍离地，指挥地面人员将杆根纳入杆洞，指挥吊车操作员松钢丝绳，电杆垂直入洞。

（8）地面电工控制辅助拉绳确保电杆两侧边相绝缘隔离措施有效，斗内电工控制辅助拉绳确保电杆两侧中相绝缘隔离措施有效，地面电工正杆，回土夯实，吊钩脱离，拆除钢丝绳套。

（9）斗内电工相互配合先中相后边相，逐相将导线提升至绝缘子，绑扎固定后，拆除绝缘隔离措施。

（10）工作结束后，撤除绝缘隔离措施，绝缘斗退出有电工作区域，作业人员返回地面。

3. 其他带电立杆作业方式危险点、操作过程介绍

带电立杆除采用绝缘斗臂车、吊车配合方式外，在车行不便的一些特定场合，也可采用绝缘梯、绝缘平台与抱杆配合，工作人员穿着全套防护用具进行作业。

其绝缘隔离方式基本同绝缘斗臂车、吊车配合方式，预先必须确定现场具备带电立杆作业条件，视现场情况可选择只对电杆做绝缘隔离，只对导线做绝缘隔离或导线、电杆均做绝缘隔离。

立杆过程中必须选择合适的杆梢运动路径，同步控制导线和电杆防止直线横担压迫导线，必要时可预先开马道控制杆根。

正杆回土夯实后，安装绝缘梯或绝缘平台，视现场情况对电杆、导线做补充绝缘隔离、限位措施后，先中相后两边相固定带电导线。

拆除绝缘隔离措施的原则"由远至近、从小到大、从高到低"。

（二）带电撤直线杆

1. 现场操作前的准备

（1）工作负责人应按带电作业工作票内容与当值调度员联系。

（2）工作负责人核对线路名称、杆号。

（3）工作前工作负责人检查电杆质量符合要求。

（4）绝缘斗臂车、吊车进入合适位置，并可靠接地；根据道路情况设置安全围栏、

警告标志或路障。

（5）工作负责人召集工作人员交代工作任务，对工作班成员进行危险点告知、交代安全措施和技术措施，确认每一个工作班成员都已知晓，检查工作班成员精神状态是否良好，人员是否合适。

（6）根据分工情况整理材料，对安全用具、绝缘工具进行检查，绝缘工具应使用兆欧表或绝缘测试仪进行分段绝缘检测，绝缘电阻值不低于700MΩ（在出库前如已测试过的可省去现场测试步骤）。

（7）查看绝缘臂、绝缘斗良好，调试斗臂车（在出车前如已调试过的可省去此步骤）。

（8）斗内电工戴好绝缘手套和防护手套，进入绝缘斗内，挂好保险钩。

2. 操作步骤

（1）斗内电工将绝缘斗调整至适当位置视情况对需隔离的设备进行绝缘隔离，系好辅助拉绳。

（2）工作负责人指挥在电杆合适位置安装钢丝绳套，将吊钩朝向杆梢穿入。

（3）斗内电共逐相拆除扎线，并拆除横担。

（4）工作负责人指挥吊车操作员收钢丝绳将电杆垂直起吊，使电杆稍稍上拔后，检查各部分受力情况，指挥继续将电杆起拔；

（5）地面电工控制辅助拉绳拉开两边相导线；地面电工控制立杆辅助装置，使导线不被横担钩住；斗内电工控制辅助拉绳拉开中相导线，保证电杆与导线保持适当距离，杆根即将出洞时，工作负责人指挥吊车操作员放慢速度，使电杆平缓拔出。

（6）工作负责人指挥吊车操作员放钢丝绳将电杆垂直下落，地面电工控制立杆辅助装置，防止电杆晃动，杆洞回填。

（7）工作结束后，撤除绝缘隔离措施，绝缘斗退出有电工作区域，作业人员返回地面。

3. 其他带电撤杆作业方式危险点、操作过程介绍

带电撤杆除采用绝缘斗臂车、吊车配合方式外，在车行不便的一些特定场合，也可采用绝缘梯、绝缘平台与抱杆配合，工作人员穿着全套防护用具进行作业。

其绝缘隔离方式基本同绝缘斗臂车、吊车配合方式，预先必须确定现场满足带电撤杆作业条件，一般导线、电杆均需做绝缘隔离，脱开导线后，拆除直线横担，再做杆梢绝缘隔离。

撤杆过程中必须选择合适的杆梢运动路径，同步控制导线和电杆防止间隙不足，必要时可稳定电杆后开挖马道控制杆根运动。

【思考与练习】

1. 带电立撤杆作业中为什么强调要选用有经验的吊车操作员？除此外对作业人员还有哪些要求？

2. 带电立撤杆作业中，保证电杆及其附件与带电导线的间隙是作业安全成功的关键，正文中仅简单讲解了作业原理，请结合本地实际思考间隙控制有哪些措施及具体实施的工艺和流程。

3. 结合本地实际情况，10kV 双回垂直排列线档中带电插立电杆应如何开展？

▶ 模块 2 编写用绝缘手套作业法带电立、撤杆作业指导书（Z58F3002Ⅲ）

【模块描述】本模块包含绝缘手套作业法带电立、撤杆原理、现场作业指导书编写要求和带电更换直线绝缘子的基本方法等内容。通过对绝缘手套作业法带电立、撤杆原理讲解、现场作业指导书编写要求和基本方法等内容的介绍，达到掌握作业指导书编写和作业组织指挥的目的。

【模块内容】

一、绝缘手套作业法带电立、撤杆作业原理

绝缘手套作业法带电立杆作业原理就是通过对作业范围内的带电导线进行有效遮蔽，提升导线，对电杆杆梢进行绝缘遮蔽，做好电杆的接地，安装电杆控制绳，立杆，安装横担及绝缘子并做好绝缘遮蔽，固定三相导线，恢复绝缘。绝缘手套作业法带电撤杆作业原理就是通过对作业范围内的带电导线、绝缘子、横担进行有效遮蔽，拆除导线并提升导线，拆除横担及绝缘子，对电杆杆梢进行绝缘遮蔽，做好电杆的接地，安装电杆控制绳，撤杆，恢复导线上的绝缘遮蔽。

绝缘手套作业法带电立、撤杆作业中，作业人员穿绝缘靴、戴绝缘手套等防护用具，以绝缘操作杆的绝缘臂（超过 1m 的有效绝缘）或绝缘梯等绝缘平台为主绝缘，以绝缘罩、绝缘毯等绝缘遮蔽措施为辅助绝缘。作业中无论作业人员与接地体或邻相的间隙是否满足安全距离要求，均需对人体可能触及范围内的带电体和接地体进行绝缘遮蔽，必要时还要增加绝缘挡板等限位措施。

二、作业指导书编写要求

配电线路带电作业标准化作业指导书，是对配电线路带电作业全过程控制指导的约束性文件，它针对作业前、作业中和作业后的各个作业环节进行了规范，使作业计划翔实、人员安排妥当、现场勘察清楚、工器具准备齐全、材料准备充足、危险点分析到位、防范措施严密、工艺标准全面，充分体现了现场带电作业全过程、全方位、

全员的管理，保证了作业过程处于"能控、在控、可控"状态，以获得最佳秩序与效果，各作业环节层次分明、连接可靠，各作业内容细化、量化和标准化，做到作业闭环管理、作业有程序、安全有措施、质量有标准、考核有依据。具体在编写标准化作业指导书时，应重点注意以下7点要求。

（1）指导书编写人员必须参加现场勘察，主要包括：查明作业范围、核对杆名、杆号；查看作业杆塔周边环境、杆塔结构形式、电气关系（相序、分歧、回路排列、相邻线路、交叉跨越、绝缘配置）、导线型号、导线损伤情况、杆塔运行工况等。如绝缘手套作业法带电绝缘手套作业法带电立、撤杆作业作业中，必须明确作业点两端交叉跨越情况，直线杆结构形式，导线型号，导线是否受损等内容。

（2）根据杆塔、线路运行工况，现场环境等确定带电作业方法，设计作业步骤，明确工艺标准，确定危险点控制和安全防范措施及注意事项。如确定垂直荷载不超过绝缘操作杆小吊机作业状态的额定值。

（3）根据作业内容合理安排带电作业人员，应安排工作经验丰富的作业人员担任工作负责人，并配备足够的工作班成员。

（4）根据作业内容配备工器具、材料，注意选用的工器具和使用的材料规格要与现场设备相符，使用的绝缘工器具应满足安规要求。

（5）针对现场实际情况和作业方法进行危险点分析，特别关注导线损伤、杆塔结构失稳，构件严重变形、绝缘配置损坏等情况并制定相应的防范措施，危险点分析要考虑作业全过程，防范措施要体现对设备及人员行为的全过程预控。

（6）根据现场实际情况必要时应补充特殊的安全技术措施。如标准化指导书在执行过程中，发现不切合实际、与相关图纸及有关规定不符等情况，应立即停止工作。作业负责人根据现场实际情况及时修改指导书，履行审批手续并做好记录后，按修改后的标准化指导书继续工作。

（7）在编写标准化作业指导书时，还要使其语言标准化，其原则是：语言简练、通俗易懂、避免口语、语法严谨、标点正确。

三、标准化作业指导书编写

标准化作业指导书可依据《国家电网公司现场标准化作业指导书编制导则》中规定的格式与要求而进行，一般由封面、范围、引用文件、前期准备（包括1份现场勘察记录）、流程图、作业程序和工艺标准（包括危险点和控制措施）、验收记录、作业指导书执行情况评估和附录等9个部分组成，结合现场实际情况与需要可作适当的删减与合并。

以下为绝缘手套作业法带电立、撤杆作业标准化作业指导书的编写示例，封面如图11-2-1所示。

编号：Q/×××

绝缘手套作业法带电立、撤杆作业标准化作业指导书

批准：＿×××＿ ×年×月×日
审核：＿×××＿ ×年×月×日
编写：＿×××＿ ×年×月×日
作业负责人：＿×××＿
作业时间：×年×月×日×时至×年×月×日×时
××供电公司×××

图 11-2-1 封面

1. 范围

本标准化作业指导书规定了带电立直线杆标准化作业的检修前准备、检修流程图、检修程序与作业标准、检修记录和验收和等要求。

本标准化作业指导书适用于带电立直线杆标准化作业。

2. 规范性引用文件

下列文件对于本文件的应用是必不可少的。凡是注日期的引用文件，仅所注日期的版本适用于本文件。凡是不注日期的引用文件，其最新版本（包括所有的修改单）适用于本文件。

GB 12168 带电作业用遮蔽罩

GB 13035 带电作业用绝缘绳索

GB 13398 带电作业用空心绝缘管、泡沫填充绝缘管和实心绝缘棒

GB 17620 带电作业用绝缘硬梯通用技术条件

GB 17622 带电作业用绝缘手套通用技术条件

GB 50173 电气装置安装工程 35kV 及以下架空电力线路施工及验收规范

GB/T 2900.55—2002 电工术语带电作业

GB/T 14286—2002 带电作业工具设备术语

GB/T 18857 配电线路带电作业技术导则

DL/T 778 带电作业用绝缘袖套

DL 779 带电作业用绝缘绳索类工具

DL/T 803 带电作业用绝缘毯

DL/T 880 带电作业用导线软质遮蔽罩

DL/T 1125 10kV 带电作业用绝缘服装

Q/GDW 519 国家电网公司配电网运行规程

Q/GDW 520 国家电网公司带电作业管理规范

国家电网安监〔2009〕664 号 国家电网公司电力安全工作规程（电力线路部分）

国家电网生〔2007〕751 号 国家电网公司带电作业工作管理规定（试行）

3. 检修前准备

（1）准备工作安排。

根据工作安排合理开展准备工作，准备工作内容见表 11-2-1。

表 11-2-1   准 备 工 作 安 排

√	序号	内　容	标　准	备注
	1	确定工作范围及作业方式	确定工作范围及作业方式，明确线路名称、杆号及工作任务	
	2	组织作业人员学习作业指导书，使全体作业人员熟悉作业内容、作业标准、安全注意事项	作业人员明确作业标准	
	3	根据工作时间和工作内容填写工作票	工作票填写正确	
	4	准备工器具，所用工器具良好，未超过试验周期	领用绝缘工具、安全用具及辅助器具，核对工器具的使用电压等级和试验周期；作外观检查完好无损；使用绝缘电阻表或绝缘测试仪进行分段绝缘检测，发现阻值低于 700MΩ 的绝缘工具，应及时更换；工器具运输装入袋	
	5	危险源点预控卡编制	危险源点分析到位	

（2）劳动组织及人员要求。

1）劳动组织。

劳动组织明确了工作所需人员类别、人员职责和作业人员数量，见表 11-2-2。

表 11-2-2   劳 动 组 织

√	序号	人员类别	职　责	作业人数
	1	工作负责人	1）对工作全面负责，在检修工作中要对作业人员明确分工，保证工作质量； 2）对安全作业方案及工作质量负责； 3）识别现场作业危险源，组织落实防范措施； 4）工作前对工作班成员进行危险点告知，交代安全措施和技术措施，并确认每一个工作班成员都已知晓； 5）对作业过程中的安全进行监护	1 人

续表

√	序号	人员类别	职 责	作业人数
	2	专责监护人	1）明确被监护人员和监护范围； 2）工作前对被监护人员交代安全措施、告知危险点和安全注意事项； 3）监督被监护人员遵守安全规程和现场安全措施，及时纠正不安全行为	1 人
	3	斗内电工	按工作负责人指令安装、拆除绝缘隔离措施，按本指导书规定实施作业步骤	2 人
	4	地面电工	按工作负责人指令实施作业步骤	2 人

2）人员要求。

表 11-2-3 明确了工作人员的精神状态，工作人员的资格包括作业技能、安全资质和特殊工种资质等要求。

表 11-2-3 人 员 要 求

√	序号	内 容	备注
	1	现场作业人员应身体健康、精神状态良好	
	2	具备必要的电气知识和配网带电作业技能，能正确使用作业工器具，了解设备有关技术标准要求，持有效配网带电作业合格证上岗	
	3	熟悉现场安全作业要求，并经《安规》考试合格	

（3）备品备件与材料。

根据检修项目，确定所需的备品备件与材料，见表 11-2-4。

表 11-2-4 备 品 备 件 与 材 料

√	序号	名称	型号及规格	单位	数量	备 注
	1					
	2					

（4）工器具与仪器仪表。

工器具与仪器仪表主要包括专用工具、常用工器具、仪器仪表等，见表 11-2-5。

表 11-2-5 工 器 具 与 仪 器 仪 表

√	序号	名称	型号及规格	单位	数量	备 注
	1	绝缘斗臂车		辆	1	绝缘工作平台，机械及电气强度满足安规要求，周期预防性检查性试验合格

续表

√	序号	名称	型号及规格	单位	数量	备　注
	2	吊车		辆	1	机械性能满足作业要求
	3	安全防护用具		套	2	绝缘袖套，绝缘衣，绝缘手套等，视工作需要，机械及电气强度满足安规要求，周期预防性检查性试验合格
	4	绝缘遮蔽工具		块	若干	绝缘毯，绝缘挡板，绝缘导线罩，绝缘横担等，视工作需要，机械及电气强度满足安规要求，周期预防性检查性试验合格
	5	绝缘绳		根	若干	5000V 绝缘电阻表进行分段绝缘检测，电阻值应不低于 700MΩ，视工作需要，机械及电气强度满足安规要求，周期预防性检查性试验合格
	6	绝缘操作杆		根	若干	5000V 绝缘电阻表进行分段绝缘检测，电阻值应不低于 700MΩ，视工作需要，机械及电气强度满足安规要求，周期预防性检查性试验合格
	7	5000V 绝缘电阻表		只	1	周期性校验合格
	8	苫布		块	1	

（5）技术资料。

表 11-2-6 要求的技术资料主要包括现场使用的图纸、出厂说明书、检修记录等。

表 11-2-6　　　　　　　技　术　资　料

√	序号	名　称	备注
	1		
	2		

（6）检修前设备设施状态。

检修前通过查看表 11-2-7 的内容，了解待检修设备的运行状态。

表 11-2-7　　　　　　　检修前设备设施状态

√	序号	检修前设备设施状态
	1	
	2	

（7）危险点分析与预防控制措施。

表 11-2-8 规定了带电立直线杆的危险点与预防控制措施。

表 11-2-8　　　　　　　　危险点分析与预防控制措施

√	序号	防范类型	危险点	预防控制措施
	1	防触电	人身触电	1）作业过程中，不论线路是否停电，都应始终认为线路有电。 2）确定作业线路重合闸已退出。 3）保持对地最小距离 0.4m，对邻相导线的最小距离 0.6m，绝缘绳索类工具有效绝缘长度不小于 0.4m，绝缘操作杆有效绝缘长度不小于 0.7m。 4）必须天气良好条件下进行
	2	高空坠落	登高工具不合格及不规范使用登高工具	1）设专职监护人。 2）杆塔上作业转移时，不得失去安全保护。 3）安全带应高挂低用系在杆塔或牢固的构件上，扣牢扣环。 4）杆塔上作业人员应系好安全带，戴好安全帽。 5）检查安全带应安全完好
	3	机械伤害	吊车支撑不稳，过载使用	1）吊车腿支撑牢固。 2）估算最大起重负载，确定杆根没有浇注，否则开挖基础
	4	物体打击	物体散落	1）作业面边缘设置安全围栏，范围 1.2 倍杆高，严禁无关人员入内。 2）可能坠落范围内严禁站人

4. 检修流程图

根据检修设备的结构、检修工艺以及作业环境，将检修作业的全过程优化为最佳的检修步骤顺序，带电立直线杆流程图如图 11-2-2 所示，带电撤直线杆流程图如图 11-2-3 所示。

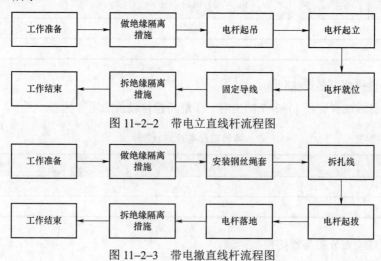

图 11-2-2　带电立直线杆流程图

图 11-2-3　带电撤直线杆流程图

5. 检修程序与作业标准

（1）开工。

办理开工许可手续前应检查落实的内容，见表 11-2-9。

表 11-2-9　　　　　　　　　开 工 内 容 与 要 求

√	序号	内　　　容
	1	工作负责人核对线路名称、杆号，与当值调度员联系
	2	绝缘斗臂车、吊车进入合适位置，装好可靠接地，现场装设围栏
	3	工作负责人召集工作人员交代工作任务，对工作班成员进行危险点告知、交代安全措施和技术措施，确认每一个工作班成员都已知晓，检查工作班成员精神状态是否良好，变动是否合适，并进行抽查、问答，对站班会内容应进行录音
	4	根据分工情况整理材料，对安全工具、绝缘工具进行检查、摇测，查看绝缘臂、绝缘斗是否良好，做好工作前的准备工作
	5	斗内电工戴好安全防护用具，进入绝缘斗内，挂好保险钩

（2）检修项目与作业标准。

按照检修流程，对每一个检修项目，明确作业标准、注意事项等内容，带电立杆检修项目与作业标准见表 11-2-10。

表 11-2-10　　　　　　带电立杆检修项目与作业标准

√	序号	检修项目	作业标准	注意事项	备注
	1	安装绝缘隔离	斗内电工将绝缘斗调整至适当位置视情况对需隔离的设备进行绝缘隔离，系好辅助拉绳	1）转移绝缘斗时应注意绝缘斗臂车周围杆塔、线路等情况，绝缘臂的金属部位与带电体和地电位物体的距离大于 1m； 2）绝缘隔离应严实、牢固，遮蔽重叠部分应大于 15cm	
	2	电杆起吊	工作负责人指挥在电杆合适位置安装钢丝绳套，将吊钩朝向杆梢穿入，指挥将电杆起吊	1）杆梢离地 1 米检查受力； 2）合适位置安装立杆辅助装置，杆根接地； 3）无关人员撤离 1.2 倍杆高范围	
	3	电杆起立	工作负责人指挥将电杆起立，接近导线时，地面电工控制辅助拉绳拉开两边导线，斗内电工控制辅助拉绳拉开中相导线，保证电杆与导线保持适当距离	1）工作负责人与斗内电工密切注意吊车、吊车钢丝绳、电杆与带电导线的安全距离； 2）吊车起重臂、绝缘斗臂车绝缘臂及电杆下方禁止站人	

续表

√	序号	检修项目	作业标准	注意事项	备注
	4	电杆就位	1）工作负责人指挥吊车操作员收钢丝绳，待电杆稍稍离地，指挥地面人员将杆根纳入杆洞，指挥吊车操作员松钢丝绳，电杆垂直入洞； 2）地面电工控制辅助拉绳确保电杆两侧边相绝缘隔离措施有效，斗内电工控制辅助拉绳确保电杆两侧中相绝缘隔离措施有效，地面电工正杆，回土夯实，吊钩脱离，拆除钢丝绳套	1）工作负责人与斗内电工密切注意吊车、吊车钢丝绳、电杆与带电导线的安全距离； 2）吊车起重臂、绝缘斗臂车绝缘臂及电杆下方禁止站人； 3）防止高空落物伤人	
	5	固定导线	斗内电工相互配合将中相后边相，逐相将导线提升至绝缘子，绑扎固定后，拆除绝缘隔离措施	1）控制移动导线的动作幅度； 2）绑扎方法及工艺符合要求； 3）防止高空落物	
	6	拆除绝缘隔离	工作结束后，撤除绝缘隔离措施，绝缘斗退出有电工作区域，作业人员返回地面	1）防止高空落物； 2）下降绝缘斗、收回绝缘臂时应注意绝缘斗臂车杆塔、线路等情况	

带电撤直线杆检修项目与作业标准见表 11-2-11。

表 11-2-11　　　带电撤直线杆检修项目与作业标准

√	序号	检修项目	作业标准	注意事项	备注
	1	安装绝缘隔离	斗内电工将绝缘斗调整至适当位置视情况对需隔离的设备进行绝缘隔离，系好辅助拉绳	1）转移绝缘斗时应注意绝缘斗臂车周围杆塔、线路等情况，绝缘臂的金属部位与带电体和地位物体的距离大于 1m； 2）绝缘隔离应严实、牢固，遮蔽重叠部分应大于 15cm	
	2	安装钢丝绳	工作负责人指挥在电杆合适位置安装钢丝绳套，将吊钩朝向杆梢穿入	1）合适位置安装立杆辅助装置，杆根接地； 2）无关人员撤离 1.2 倍杆高范围	
	3	拆扎线及横担	斗内电共逐相拆除扎线，并拆除横担	防止高空落物伤人	
	4	电杆起拔	1）工作负责人指挥吊车操作员收钢丝绳将电杆垂直起吊，使电杆稍稍上拔后，检查各部分受力情况，指挥继续将电杆起拔； 2）地面电工控制辅助拉绳拉开两边相导线；地面电工控制立杆辅助装置，使导线不被横担钩住；斗内电工控制辅助拉绳拉开中相导线，保证电杆与导线保持适当距离，杆根即将出洞时，工作负责人指挥吊车操作员放慢速度，使电杆平缓拔出	1）工作负责人与斗内电工密切注意吊车、吊车钢丝绳、电杆与带电导线的安全距离； 2）吊车起重臂、绝缘斗臂车绝缘臂及电杆下方禁止站人； 3）防止高空落物伤人	

续表

√	序号	检修项目	作业标准	注意事项	备注
	5	电杆落地	工作负责人指挥吊车操作员放钢丝绳将电杆垂直下落，地面电工控制立杆辅助装置，防止电杆晃动，杆洞回填	无关人员撤离 1.2 倍杆高范围	
	6	拆除绝缘隔离	工作结束后，撤除绝缘隔离措施，绝缘斗退出有电工作区域，作业人员返回地面	1）防止高空落物； 2）下降绝缘斗、收回绝缘臂时应注意绝缘斗臂车杆塔、线路等情况	

（3）检修记录。

表 11–2–12 规定了配电网带电作业记录的内容，包括：设备类别、工作内容、配电网带电作业统计数据等内容。

表 11–2–12   带 电 作 业 登 记 表

设备类别	
工作内容	
作业方式	
实际作业时间（h）	
多供电量（kWh）	
工作负责人姓名	
带电人员作业时间（h）	
作业人数	
作业日期	
备注	

（4）竣工。

表 11–2–13 规定了工作结束后的注意事项，如清理工作现场、清点工具、回收材料、填写配电网带电作业记录、办理工作票终结等内容。

表 11–2–13   竣 工 内 容 与 要 求

√	序号	内　　容
	1	工作负责人全面检查，符合验收规范要求后，记录在册并召开收工会进行工作点评后，宣布工作结束
	2	联系当值调度工作已经结束，工作班撤离现场

6. 验收

表 11-2-14 规定了需要填写的内容，包括记录改进和更换的零部件、存在问题及处理意见、检修单位验收总结评价、运行单位验收意见。

表 11-2-14　　　　　　　　　验 收 记 录

自验收记录	记录改进和更换的零部件	
	存在问题及处理意见	
验收结论	检修单位验收总结评价	
	运行单位验收意见及签字	

【思考与练习】

1. 绝缘手套作业法带电立、撤杆作业中应对哪些东西进行有效遮蔽？

2. 叙述绝缘手套作业法带电立、撤杆标准化作业的流程。

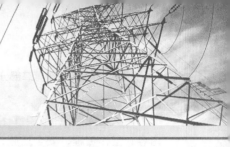
第十二章

绝缘手套作业法带负荷更换跌落式熔断器

▲ 模块1　绝缘手套作业法带负荷更换跌落式熔断器（Z58F4001Ⅱ）

【模块描述】本模块包含绝缘手套作业法带负荷更换跌落式熔断器检修工作程序及相关安全注意事项；达到掌握绝缘手套作业法带负荷更换跌落式熔断器作业中的危险点预控、掌握绝缘手套作业法带负荷更换跌落式熔断器的工艺标准和质量要求。

【模块内容】

一、作业内容

本模块主要讲述绝缘手套作业法带负荷更换跌落式熔断器。

二、作业方法

绝缘手套作业法带负荷更换跌落式熔断器作业由于作业相对比较复杂，在作业时一定要按作业程序进行，在没有确认旁路接通前不得拉开跌落式熔断器。由于各地配电线路及配电变压器选型的不同，导线排列方式、线间距离、导线连接方式区别很大，工器具也形式多样，所以做法不尽相同。各地可根据实际情况因地制宜，有针对性地借鉴以下方法，切忌生搬硬套。

三、作业前准备

（一）作业条件

本作业应在良好天气下进行，如遇雷电（听见雷声、看见闪电）、雪、雹、雨、雾、空气相对湿度超过 80%，风力大于 5 级（10m/s）时，一般不宜进行作业。作业前现场勘察确定满足绝缘斗臂车绝缘手套作业法作业环境条件，主要指停用重合闸、绝缘斗臂车作业条件等，确认线路的终端开关[断路器（开关）或隔离开关（刀闸）]确已断开，接入线路侧的变压器、电压互感器确已退出运行，断引线前作业点后段无负载，接引线前作业点后段无短路、接地。

（二）人员组成

作业人员应由具备配网带电作业资格的工作人员所组成，本项目一般需 4 名。其中工作负责人（监护人）1 名、斗内电工 2 名、地面电工 1 名。工作班成员明确工作内容、工作流程、安全措施、工作中的危险点，并履行确认手续。

（三）主要工器具及仪器仪表

表 12-1-1 为绝缘手套作业法带负荷更换跌落式熔断器所需主要工器具及仪器仪表。

表 12-1-1 **工 器 具 及 仪 器 仪 表**

√	序号	名称	型号及规格	单位	数量	备　　注
	1	绝缘斗臂车		辆	1	绝缘工作平台,机械及电气强度满足安规要求,周期预防性检查性试验合格
	2	安全防护用具		套	2	绝缘袖套,绝缘衣,绝缘手套等,视工作需要,机械及电气强度满足安规要求,周期预防性检查性试验合格
	3	绝缘遮蔽工具		块	若干	绝缘毯,绝缘挡板,绝缘导线罩,绝缘横担等,视工作需要,机械及电气强度满足安规要求,周期预防性检查性试验合格
	4	绝缘引流线		根	3	机械及电气强度满足安规要求,周期预防性检查性试验合格
	5	绝缘绳		条	若干	
	6	绝缘操作杆		根	若干	5000V 绝缘电阻表进行分段绝缘检测,电阻值应不低于 700MΩ,视工作需要,机械及电气强度满足安规要求,周期预防性检查性试验合格
	7	5000V 绝缘电阻表		只	1	周期性校验合格
	8	苫布		块	1	

（四）作业流程图（见图 12-1-1）

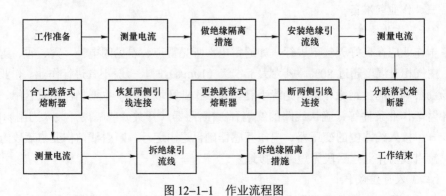

图 12-1-1　作业流程图

四、危险点分析及控制措施（见表 12-1-2）

表 12-1-2 危险点分析及控制措施

序号	防范类型	危险点	预防控制措施
1	防触电	人身触电	1）作业过程中，不论线路是否停电，都应始终认为线路有电。 2）确定作业线路重合闸已退出。 3）保持对地最小距离 0.4m，对邻相导线的最小距离 0.6m，绝缘绳索类工具有效绝缘长度不小于 0.4m，绝缘操作杆有效绝缘长度不小于 0.7m。 4）必须天气良好条件下进行
2	高空坠落	登高工具不合格及不规范使用登高工具	1）设专职监护人。 2）杆塔上作业转移时，不得失去安全保护。 3）安全带应高挂低用系在杆塔或牢固的构件上，扣牢扣环。 4）杆塔上作业人员应系好安全带，戴好安全帽。 5）检查安全带应安全完好

五、操作过程

1. 现场操作前的准备

（1）工作负责人应按带电作业工作票内容与当值调度员联系。

（2）工作负责人核对线路名称、杆号。

（3）工作前工作负责人检查需要更换的跌落式熔断器应在拉开位置。

（4）绝缘斗臂车进入合适位置，并可靠接地，根据道路情况设置安全围栏、警告标志或路障。

（5）工作负责人召集工作人员交代工作任务，对工作班成员进行危险点告知、交代安全措施和技术措施，确认每一个工作班成员都已知晓，检查工作班成员精神状态是否良好，人员是否合适。

（6）根据分工情况整理材料，对安全用具、绝缘工具进行检查，绝缘工具应使用兆欧表或绝缘测试仪进行分段绝缘检测，绝缘电阻值不低于 700 兆欧（在出库前如已测试过的可省去现场测试步骤）。

（7）查看绝缘臂、绝缘斗良好，调试斗臂车（在出车前如已调试过的可省去此步骤）。

（8）斗内电工戴好绝缘手套和防护手套，进入绝缘斗内，挂好保险钩。

2. 操作步骤

（1）斗内电工将绝缘斗调整至跌落式熔断器附近，视情况对导线、电杆、横担等做绝缘隔离措施。

（2）斗内电工将绝缘斗调整至跌落式熔断器横担附近，检查跌落式熔断器无异常情况，再将绝缘斗调整至电杆另一侧导线下面的合适位置，在工作负责（监护人）的同意下，另一电工用钳形电流表逐相测量三相导线电流，每相电流不超过200A。

（3）斗内电工相互配合，在跌落式熔断器横担下0.6m处安装绝缘引流线支架，在电杆二侧的同相导线上逐相安装绝缘引流线并确认三相绝缘引流线牢固。

（4）斗内电工测量绝缘引流线及跌落式熔断器中的电流，如果两部分电流基本相等，则可以确认为绝缘引流线安装到位。

（5）斗内电工在工作监护人许可后用绝缘操作杆断开熔丝熔管并取下。

（6）斗内电工将绝缘斗调整至内侧导线外适当，安装绝缘隔离限位挡板，先拆开跌落式熔断器上引线绝缘包裹后固定在绝缘撑杆上；将绝缘隔离限位挡板移下，再拆开跌落式熔断器下引线绝缘包裹后固定在绝缘撑杆上。

（7）按上述（6）的方法拆其余二相引线。三相引线拆除，可按由简单到复杂、先易后难的原则进行，根据现场情况先两侧、后中间。

（8）斗内电工更换三相跌落式熔断器，搭接下引线，并对跌落式熔断器进行试操作，检查分合情况，将跌落式熔断器置于拉开位置。

（9）斗内电工将绝缘斗调整到导线外侧下，展开外侧跌落式熔断器上桩头引线，分别对导线、引线搭接处涂上电力脂，用刷子清除搭接处导线上的氧化层，直至符合接续要求。

（10）斗内电工装专用绝缘挡板，逐相恢复上引线连接。

（11）搭接工作结束后，拆除绝缘套管。

（12）搭接工作结束后，斗内电工挂上熔丝管，得到工作监护人许可后用绝缘操作杆分别合上三相熔丝。

（13）斗内电工测量绝缘引流线及跌落式熔断器中的电流，如果两部分电流基本相等，则可以确认为绝缘引流线安装到位。

（14）斗内电工配合逐相拆除绝缘引流线，拆除引流线可从近到远或先易后难的方法。然后拆除引流线支架。

（15）绝缘斗退出有电工作区域，作业人员返回地面。

绝缘手套作业法更换跌落式熔断器通常而言，作业难度从单边相、另一边相、中相逐步进阶，本模块讲解中相作业工艺，边相作业工艺可参考实施。

从跌落式熔断器结构来看其瓷体绝缘间隙有限，且从作业目的而言可能绝缘损坏，作业前必须对其绝缘有效性进行验证，可采用询问调度线路运行状况正常和现场验明无泄漏电流、无接地等措施，作业中宜穿着全封闭式的绝缘服，为防止短间隙不使用绝缘手套防护用的羊皮手套。

【思考与练习】

1. 绝缘手套作业法带负荷更换跌落式熔断器作业工具有哪些？
2. 叙述绝缘手套作业法带负荷更换跌落式熔断器作业的作业流程图。
3. 叙述绝缘手套作业法带负荷更换跌落式熔断器作业的作业步骤。

▲ 模块 2　编写绝缘手套作业法带负荷更换跌落式熔断器作业指导书（Z58F4002Ⅲ）

【模块描述】本模块包含绝缘手套作业法带负荷更换跌落式熔断器原理、现场作业指导书编写要求和带负荷更换跌落式熔断器的基本方法等内容。通过对绝缘手套作业法带负荷更换跌落式熔断器原理讲解、现场作业指导书编写要求和基本方法等内容的介绍，达到掌握作业指导书编写和作业组织指挥的目的。

【模块内容】

一、绝缘手套作业法带负荷更换跌落式熔断器原理

绝缘手套作业法带负荷更换跌落式熔断器作业原理就是通过对作业范围内的带电导线、绝缘子、横担应进行有效遮蔽，使用绝缘斗臂车安装引流线转移负荷，再拉开跌落式熔断器，拆除两侧引线连接，更换跌落式熔断器，然后恢复两侧引线连接，合上跌落式熔断器，检查跌落式熔断器中负荷电流，拆除引流线等，最后恢复绝缘。

绝缘手套作业法带电更换跌落式熔断器中，作业人员穿戴绝缘防护用具，以绝缘斗臂车的绝缘臂（超过 1m 的有效绝缘）或绝缘梯等绝缘平台为主绝缘，以绝缘罩、绝缘毯等绝缘遮蔽措施为辅助绝缘，其作业核心就是对固定在横担上的跌落式熔断器开展带负荷更换作业。作业中无论作业人员与接地体或邻相的间隙是否满足安全距离要求，均需对人体可能触及范围内的带电体和接地体进行绝缘遮蔽，必要时还要增加绝缘挡板等限位措施。

如果不能切除后段负荷，必须采用旁路法作业工艺进行更换工作时，与更换柱上隔离开关不同，必须注意更多环节：跌落式熔断器绝缘件的绝缘有效性，拆除上下引线时的间隙保持，作业中其余两相的跌落固定等。

本模块以直线支接，旁路法作业更换支线中相跌落式熔断器为例讲解操作工艺。

二、作业指导书编写要求

配电线路带电作业标准化作业指导书，是对配电线路带电作业全过程控制指导的约束性文件，它针对作业前、作业中和作业后的各个作业环节进行了规范，使作业计划翔实、人员安排妥当、现场勘察清楚、工器具准备齐全、材料准备充足、危险点分

析到位、防范措施严密、工艺标准全面，充分体现了现场带电作业全过程、全方位、全员的管理，保证了作业过程处于"能控、在控、可控"状态，以获得最佳秩序与效果，各作业环节层次分明、连接可靠，各作业内容细化、量化和标准化，做到作业闭环管理、作业有程序、安全有措施、质量有标准、考核有依据。具体在编写标准化作业指导书时，应重点注意以下 7 点要求。

（1）指导书编写人员必须参加现场勘察，主要包括：查明作业范围、核对杆名、杆号；查看作业杆塔周边环境、杆塔结构形式、电气关系（相序、分歧、回路排列、相邻线路、交叉跨越、绝缘配置）、导线型号、导线损伤情况、杆塔运行工况等。如绝缘手套作业法带电更换跌落式熔断器作业中，必须明确作业点两端交叉跨越情况，直线杆结构形式，导线型号，导线是否受损等内容。

（2）根据杆塔、线路运行工况，现场环境等确定带电作业方法，设计作业步骤，明确工艺标准，确定危险点控制和安全防范措施及注意事项。如确定垂直荷载不超过绝缘斗臂车小吊机作业状态的额定值。

（3）根据作业内容合理安排带电作业人员，应安排工作经验丰富的作业人员担任工作负责人，并配备足够的工作班成员。

（4）根据作业内容配备工器具、材料，注意选用的工器具和使用的材料规格要与现场设备相符，使用的绝缘工器具应满足安规要求。

（5）针对现场实际情况和作业方法进行危险点分析，特别关注导线损伤、杆塔结构失稳，构件严重变形、绝缘配置损坏等情况并制定相应的防范措施，危险点分析要考虑作业全过程，防范措施要体现对设备及人员行为的全过程预控。

（6）根据现场实际情况必要时应补充特殊的安全技术措施。如标准化指导书在执行过程中，发现不切合实际、与相关图纸及有关规定不符等情况，应立即停止工作。作业负责人根据现场实际情况及时修改指导书，履行审批手续并做好记录后，按修改后的标准化指导书继续工作。

（7）在编写标准化作业指导书时，还要使其语言标准化，其原则是：语言简练、通俗易懂、避免口语、语法严谨、标点正确。

三、标准化作业指导书编写

标准化作业指导书可依据《国家电网公司现场标准化作业指导书编制导则》中规定的格式与要求而进行，一般由封面、范围、引用文件、前期准备（包括 1 份现场勘察记录）、流程图、作业程序和工艺标准（包括危险点和控制措施）、验收记录、作业指导书执行情况评估和附录等组成，结合现场实际情况与需要可作适当的删减与合并。

以下为绝缘手套作业法带电更换跌落式熔断器标准化作业指导书的编写示例，封面如图 12-2-1 所示。

编号：Q/×××

绝缘手套作业法带负荷更换跌落式熔断器作业指导书

批准：＿＿×××＿＿　×年×月×日

审核：＿＿×××＿＿　×年×月×日

编写：＿＿×××＿＿　×年×月×日

作业负责人：＿＿×××＿＿

作业时间：×年×月×日×时至×年×月×日×时

××供电公司×××

图 12-2-1　封面

1. 范围

本标准化作业指导书规定了绝缘手套作业法更换跌落式熔断器标准化作业的检修前准备、检修流程图、检修程序与作业标准、检修记录和验收和等要求。

本标准化作业指导书适用于绝缘手套作业法更换跌落式熔断器标准化作业。

2. 规范性引用文件

下列文件对于本文件的应用是必不可少的。凡是注日期的引用文件，仅所注日期的版本适用于本文件。凡是不注日期的引用文件，其最新版本（包括所有的修改单）适用于本文件。

GB 12168　带电作业用遮蔽罩

GB 13035　带电作业用绝缘绳索

GB 13398　带电作业用空心绝缘管、泡沫填充绝缘管和实心绝缘棒

GB 17620　带电作业用绝缘硬梯通用技术条件

GB 17622　带电作业用绝缘手套通用技术条件

GB 50173　电气装置安装工程 35kV 及以下架空电力线路施工及验收规范

GB/T 2900.55—2002　电工术语带电作业

GB/T 14286—2002　带电作业工具设备术语

GB/T 18857　配电线路带电作业技术导则

DL/T 778　带电作业用绝缘袖套

DL 779　带电作业用绝缘绳索类工具

DL/T 803　带电作业用绝缘毯

DL/T 880　　带电作业用导线软质遮蔽罩

DL/T 1125　　10kV 带电作业用绝缘服装

Q/GDW 519　　国家电网公司配电网运行规程

Q/GDW 520　　国家电网公司带电作业管理规范

国家电网安监〔2009〕664 号　　国家电网公司电力安全工作规程（电力线路部分）

国家电网生〔2007〕751 号　　国家电网公司带电作业工作管理规定（试行）

3. 检修前准备

（1）准备工作安排。

根据工作安排合理开展准备工作，准备工作内容见表 12-2-1。

表 12-2-1　　　　　　　　　　　准 备 工 作 安 排

√	序号	内　　容	标　　准	备注
	1	确定工作范围及作业方式	确定工作范围及作业方式，明确线路名称、杆号及工作任务	
	2	组织作业人员学习作业指导书，使全体作业人员熟悉作业内容、作业标准、安全注意事项	作业人员明确作业标准	
	3	根据工作时间和工作内容填写工作票	工作票填写正确	
	4	准备工器具，所用工器具良好，未超过试验周期	领用绝缘工具、安全用具及辅助器具，核对工器具的使用电压等级和试验周期；作外观检查完好无损；使用绝缘电阻表或绝缘测试仪进行分段绝缘检测，发现阻值低于 700MΩ 的绝缘工具，应及时更换；工器具运输装箱入袋	
	5	危险源点预控卡编制	危险源点分析到位	

（2）劳动组织及人员要求。

1）劳动组织。

劳动组织明确了工作所需人员类别、人员职责和作业人员数量，见表 12-2-2。

表 12-2-2　　　　　　　　　　　劳 动 组 织

√	序号	人员类别	职　　责	作业人数
	1	工作负责人（监护人）	1）对工作全面负责，在检修工作中要对作业人员明确分工，保证工作质量； 2）对安全作业方案及工作质量负责； 3）识别现场作业危险源，组织落实防范措施； 4）工作前对工作班成员进行危险点告知，交代安全措施和技术措施，并确认每一个工作班成员都已知晓； 5）对作业过程中的安全进行监护	1 人

续表

√	序号	人员类别	职　　责	作业人数
	2	斗内电工	按工作负责人指令安装、拆除绝缘隔离措施，按本指导书规定实施作业步骤	2 人
	3	杆上电工	按工作负责人指令实施作业步骤	1 人
	4	地面电工	按工作负责人指令实施作业步骤	1 人

2）人员要求。

表 12-2-3 明确了工作人员的精神状态，工作人员的资格包括作业技能、安全资质和特殊工种资质等要求。

表 12-2-3　　　　　　　　人 员 要 求

√	序号	内　　容	备注
	1	现场作业人员应身体健康、精神状态良好	
	2	具备必要的电气知识和配网带电作业技能，能正确使用作业工器具，了解设备有关技术标准要求，持有效配网带电作业合格证上岗	
	3	熟悉现场安全作业要求，并经《安规》考试合格	

（3）备品备件与材料。

根据检修项目，确定所需的备品备件与材料，见表 12-2-4。

表 12-2-4　　　　　　　备 品 备 件 与 材 料

√	序号	名称	型号及规格	单位	数量	备　　注
	1					
	2					

（4）工器具与仪器仪表。

工器具与仪器仪表主要包括专用工具、常用工器具、仪器仪表等，见表 12-2-5。

表 12-2-5　　　　　　　工 器 具 与 仪 器 仪 表

√	序号	名称	型号及规格	单位	数量	备　　注
	1	绝缘斗臂车		辆	1	绝缘工作平台，机械及电气强度满足安规要求，周期预防性检查性试验合格
	2	安全防护用具		套	2	绝缘袖套，绝缘衣，绝缘手套等，视工作需要，机械及电气强度满足安规要求，周期预防性检查性试验合格

续表

√	序号	名称	型号及规格	单位	数量	备　注
	3	绝缘遮蔽工具		块	若干	绝缘毯，绝缘挡板，绝缘导线罩，绝缘横担等，视工作需要，机械及电气强度满足安规要求，周期预防性检查性试验合格
	4	绝缘引流线		根	3	机械及电气强度满足安规要求，周期预防性检查性试验合格
	5	绝缘绳		条	若干	
	6	绝缘操作杆		根	若干	5000V 绝缘电阻表进行分段绝缘检测，电阻值应不低于 700MΩ，视工作需要，机械及电气强度满足安规要求，周期预防性检查性试验合格
	7	5000V 绝缘电阻表		只	1	周期性校验合格
	8	苫布		块	1	

（5）技术资料。

表 12-2-6 要求的技术资料主要包括现场使用的图纸、出厂说明书、检修记录等。

表 12-2-6　　　　　　　技　术　资　料

√	序号	名　　称	备注
	1		
	2		

（6）检修前设备设施状态。

检修前通过查看表 12-2-7 的内容，了解待检修设备的运行状态。

表 12-2-7　　　　　　检修前设备设施状态

√	序号	检修前设备设施状态
	1	
	2	

（7）危险点分析与预防控制措施。

表 12-2-8 规定了绝缘手套作业法更换跌落式熔断器的危险点与预防控制措施。

表 12-2-8 危险点分析与预防控制措施

√	序号	防范类型	危险点	预防控制措施
	1	防触电	人身触电	1）作业过程中，不论线路是否停电，都应始终认为线路有电。 2）确定作业线路重合闸已退出。 3）保持对地最小距离 0.4m，对邻相导线的最小距离 0.6m，绝缘绳索类工具有效绝缘长度不小于 0.4m，绝缘操作杆有效绝缘长度不小于 0.7m。 4）必须天气良好条件下进行
	2	高空坠落	登高工具不合格及不规范使用登高工具	1）设专职监护人。 2）杆塔上作业转移时，不得失去安全保护。 3）安全带应高挂低系在杆塔或牢固的构件上，扣牢扣环。 4）杆塔上作业人员应系好安全带，戴好安全帽。 5）检查安全带应安全完好

4. 检修流程图

根据检修设备的结构、检修工艺以及作业环境，将检修作业的全过程优化为最佳的检修步骤顺序（见图 12-2-2）。

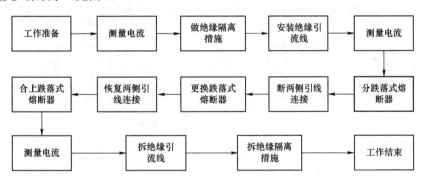

图 12-2-2 绝缘手套作业法更换跌落式熔断器流程图

5. 检修程序与作业标准

（1）开工。

办理开工许可手续前应检查落实的内容，见表 12-2-9。

表 12-2-9 开 工 内 容 与 要 求

√	序号	内 容
	1	工作负责人核对线路名称、杆号，与当值调度员联系
	2	绝缘斗臂车进入合适位置，装好可靠接地，现场装设围栏

√	序号	内　容
	3	工作负责人召集工作人员交代工作任务，对工作班成员进行危险点告知、交代安全措施和技术措施，确认每一个工作班成员都已知晓，检查工作班成员精神状态是否良好，变动是否合适，并进行抽查、问答，对站班会内容应进行录音
	4	根据分工情况整理材料，对安全工具、绝缘工具进行检查、摇测，查看绝缘臂、绝缘斗是否良好，做好工作前的准备工作
	5	斗内电工戴好安全防护用具，进入绝缘斗内，挂好保险钩

（2）检修项目与作业标准。

按照检修流程，对每一个检修项目，明确作业标准、注意事项等内容，见表 12-2-10。

表 12-2-10　　　　　　　　　　检修项目与作业标准

序号	检修项目	作业标准	注意事项	备注
1	确认工作条件	斗内电工操作绝缘斗臂车进入工作位置，检查跌落式熔断器无异常情况，逐相测量三相导线电流	1）观察跌落式熔断器绝缘件的绝缘有效性； 2）观察跌落式熔断器熔丝管接触情况，视需要采取专用短接器或用绝缘绳固定熔丝管	
2	做绝缘隔离措施	斗内电工视情况对导线、电杆、横担等做绝缘隔离措施	1）安装原则"由近至远、从大到小、从低到高"； 2）初始安装绝缘毯前使用操作杆将绝缘毯挑入安装； 3）避免出现人员侵犯间隙的现象	
3	安装引流线	斗内电工安装引流线绝缘支撑杆，清除导线氧化层，核对相位安装引流线跨接于跌落式熔断器两侧		
4	测量电流	斗内电工测量绝缘引流线及跌落式熔断器中的电流	如果两部分电流基本相等，则可以确认为绝缘引流线安装到位	
5	分跌落式熔断器	斗内电工使用绝缘操作杆拉开跌落式熔断器	跌落式熔断器的操作顺序与方法	
6	断两侧引线连接	斗内电工安装绝缘隔离限位挡板，先拆开跌落式熔断器上引线绝缘包裹后固定在绝缘撑杆上；将绝缘隔离限位挡板移下，再拆开跌落式熔断器下引线绝缘包裹后固定在绝缘撑杆上	作业中严禁出现人体串入电路现象	
7	更换跌落式熔断器	斗内电工更换跌落式熔断器	检查分合情况，取下熔丝管	

续表

序号	检修项目	作业标准	注意事项	备注
8	恢复两侧引线连接	斗内电工安装绝缘隔离限位挡板，恢复下引线连接，装熔丝管；将绝缘隔离限位挡板移上，恢复上引线连接		
9	合跌落式熔断器	斗内电工使用绝缘操作杆合跌落式熔断器		
10	测量电流	斗内电工测量绝缘引流线及跌落式熔断器中的电流	如果两部分电流基本相等，则可以确认为绝缘引流线安装到位	
11	拆引流线和引流线绝缘支撑杆	斗内电工拆除绝缘引流线及引流线绝缘支撑杆	避免出现人员侵犯间隙的现象	
12	拆绝缘隔离措施	斗内电工拆除绝缘隔离措施，拆跌落固定措施，绝缘斗退出有电工作区域，作业人员返回地面		

（3）检修记录。

表 12-2-11 规定了配电网带电作业记录的内容，包括设备类别、工作内容、配电网带电作业统计数据等内容。

表 12-2-11　　　　　　　带 电 作 业 登 记 表

设备类别	
工作内容	
作业方式	
实际作业时间（h）	
多供电量（kWh）	
工作负责人姓名	
带电人员作业时间（h）	
作业人数	
作业日期	
备注	

（4）竣工。

表 12-2-12 规定了工作结束后的注意事项，如清理工作现场、清点工具、回收材料、填写配电网带电作业记录、办理工作票终结等内容。

表 12–2–12   竣 工 内 容 与 要 求

√	序号	内　容
	1	工作负责人全面检查，符合验收规范要求后，记录在册并召开收工会进行工作点评后，宣布工作结束
	2	联系当值调度工作已经结束，工作班撤离现场

6. 验收

表 12–2–13 规定了需要填写的内容，包括记录改进和更换的零部件、存在问题及处理意见、检修单位验收总结评价、运行单位验收意见。

表 12–2–13   验 收 记 录

自验收记录	记录改进和更换的零部件	
	存在问题及处理意见	
验收结论	检修单位验收总结评价	
	运行单位验收意见及签字	

【思考与练习】

1. 绝缘手套作业法带负荷更换跌落式熔断器作业中应对哪些东西进行有效遮蔽？

2. 叙述绝缘手套作业法带负荷更换跌落式熔断器标准化作业的流程。

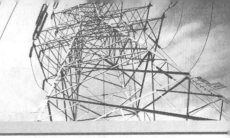

第十三章

绝缘手套作业法带负荷更换柱上开关或隔离开关作业

▲ 模块1　编写绝缘手套作业法带负荷更换柱上开关或隔离开关作业指导书（Z58F5001Ⅲ）

【模块描述】本模块包含绝缘手套作业法带负荷更换柱上开关或隔离开关原理、现场作业指导书编写要求和带电更换直线绝缘子的基本方法等内容。通过对绝缘手套作业法带负荷更换柱上开关或隔离开关原理讲解、现场作业指导书编写要求和基本方法等内容的介绍，达到掌握作业指导书编写和作业组织指挥的目的。

【模块内容】

一、绝缘手套作业法带负荷更换柱上开关或隔离开关原理

绝缘手套作业法带负荷更换柱上开关或隔离开关作业原理就是通过对作业范围内的带电导线、绝缘子、横担应进行有效遮蔽，使用绝缘斗臂车安装引流线转移负荷，分柱上开关或隔离开关，拆除两侧引线连接，更换柱上开关或隔离开关，恢复两侧引线连接，合上更换柱上开关或隔离开关，检查跌落式熔断器中负荷电流，拆除引流线等，更换更换柱上开关或隔离开关后，恢复绝缘。

绝缘手套作业法带电更换柱上开关或隔离开关中，作业人员穿戴绝缘防护用具，以绝缘斗臂车的绝缘臂（超过 1m 的有效绝缘）或绝缘梯等绝缘平台为主绝缘，以绝缘罩、绝缘毯等绝缘遮蔽措施为辅助绝缘，其作业核心就是对固定在电杆上的柱上开关或隔离开关开展带负荷更换作业。作业中无论作业人员与接地体或邻相的间隙是否满足安全距离要求，均需对人体可能触及范围内的带电体和接地体进行绝缘遮蔽，必要时还要增加绝缘挡板等限位措施。

二、作业指导书编写要求

配电线路带电作业标准化作业指导书，是对配电线路带电作业全过程控制指导的约束性文件，它针对作业前、作业中和作业后的各个作业环节进行了规范，使作业计划翔实、人员安排妥当、现场勘察清楚、工器具准备齐全、材料准备充足、危险点分析到位、防范措施严密、工艺标准全面，充分体现了现场带电作业全过程、全方位、

全员的管理，保证了作业过程处于"能控、在控、可控"状态，以获得最佳秩序与效果，各作业环节层次分明、连接可靠，各作业内容细化、量化和标准化，做到作业闭环管理、作业有程序、安全有措施、质量有标准、考核有依据。具体在编写标准化作业指导书时，应重点注意以下 7 点要求。

（1）指导书编写人员必须参加现场勘察，主要包括：查明作业范围、核对杆名、杆号；查看作业杆塔周边环境、杆塔结构形式、电气关系（相序、分歧、回路排列、相邻线路、交叉跨越、绝缘配置）、导线型号、导线损伤情况、杆塔运行工况等。如绝缘手套作业法带负荷更换柱上开关或隔离开关作业中，必须明确作业点两端交叉跨越情况，直线杆结构形式，导线型号，导线是否受损等内容。

（2）根据杆塔、线路运行工况，现场环境等确定带电作业方法，设计作业步骤，明确工艺标准，确定危险点控制和安全防范措施及注意事项。如确定垂直荷载不超过绝缘操作杆小吊机作业状态的额定值。

（3）根据作业内容合理安排带电作业人员，应安排工作经验丰富的作业人员担任工作负责人，并配备足够的工作班成员。

（4）根据作业内容配备工器具、材料，注意选用的工器具和使用的材料规格要与现场设备相符，使用的绝缘工器具应满足安规要求。

（5）针对现场实际情况和作业方法进行危险点分析，特别关注导线损伤、杆塔结构失稳、构件严重变形、绝缘配置损坏等情况并制定相应的防范措施，危险点分析要考虑作业全过程，防范措施要体现对设备及人员行为的全过程预控。

（6）根据现场实际情况必要时应补充特殊的安全技术措施。如标准化指导书在执行过程中，发现不切合实际、与相关图纸及有关规定不符等情况，应立即停止工作。作业负责人根据现场实际情况及时修改指导书，履行审批手续并做好记录后，按修改后的标准化指导书继续工作。

（7）在编写标准化作业指导书时，还要使其语言标准化，其原则是：语言简练、通俗易懂、避免口语、语法严谨、标点正确。

三、标准化作业指导书编写

标准化作业指导书可依据《国家电网公司现场标准化作业指导书编制导则》中规定的格式与要求而进行，一般由封面、范围、引用文件、前期准备（包括 1 份现场勘察记录）、流程图、作业程序和工艺标准（包括危险点和控制措施）、验收记录、作业指导书执行情况评估和附录等组成，结合现场实际情况与需要可作适当的删减与合并。

以下为绝缘手套作业法带负荷更换柱上开关或隔离开关标准化作业指导书的编写示例，封面如图 13-1-1 所示。

编号：Q/×××

绝缘手套作业法带负荷更换柱上开关或隔离开关
标准化作业指导书

批准：＿＿×××＿＿　×年×月×日

审核：＿＿×××＿＿　×年×月×日

编写：＿＿×××＿＿　×年×月×日

作业负责人：＿＿×××＿＿

作业时间：×年×月×日×时至×年×月×日×时

××供电公司×××

图 13-1-1　封面

1. 范围

本标准化作业指导书规定了绝缘手套作业法带负荷更换柱上开关或隔离开关标准化作业的检修前准备、检修流程图、检修程序与作业标准、检修记录和验收和等要求。

本标准化作业指导书适用于绝缘手套作业法带负荷更换柱上开关或隔离开关标准化作业。

2. 规范性引用文件

下列文件对于本文件的应用是必不可少的。凡是注日期的引用文件，仅所注日期的版本适用于本文件。凡是不注日期的引用文件，其最新版本（包括所有的修改单）适用于本文件。

GB 12168　带电作业用遮蔽罩

GB 13035　带电作业用绝缘绳索

GB 13398　带电作业用空心绝缘管、泡沫填充绝缘管和实心绝缘棒

GB 17622　带电作业用绝缘手套通用技术条件

GB 50173　电气装置安装工程 35kV 及以下架空电力线路施工及验收规范

GB/T 2900.55—2002　电工术语带电作业

GB/T 14286—2002　带电作业工具设备术语

GB/T 18857　配电线路带电作业技术导则

DL/T 778　带电作业用绝缘袖套

DL 779　带电作业用绝缘绳索类工具

DL/T 803　带电作业用绝缘毯

DL/T 880　带电作业用导线软质遮蔽罩

DL/T 1125　10kV 带电作业用绝缘服装

Q/GDW 519　国家电网公司配电网运行规程

Q/GDW 520　国家电网公司带电作业管理规范

国家电网安监〔2009〕664 号　国家电网公司电力安全工作规程（电力线路部分）

国家电网生〔2007〕751 号　国家电网公司带电作业工作管理规定（试行）

3. 检修前准备

（1）准备工作安排。

根据工作安排合理开展准备工作，准备工作内容见表 13-1-1。

表 13-1-1　　　　　　　　　　　　准 备 工 作 安 排

√	序号	内　　容	标　　准	备注
	1	确定工作范围及作业方式	确定工作范围及作业方式，明确线路名称、杆号及工作任务	
	2	组织作业人员学习作业指导书，使全体作业人员熟悉作业内容、作业标准、安全注意事项	作业人员明确作业标准	
	3	根据工作时间和工作内容填写工作票	工作票填写正确	
	4	准备工器具，所用工器具良好，未超过试验周期	领用绝缘工具、安全用具及辅助器具，核对工器具的使用电压等级和试验周期；作外观检查完好无损；使用绝缘电阻表或绝缘测试仪进行分段绝缘检测，发现阻值低于 700MΩ 的绝缘工具，应及时更换；工器具运输装箱入袋	
	5	危险源点预控卡编制	危险源点分析到位	

（2）劳动组织及人员要求。

1）劳动组织。

劳动组织明确了工作所需人员类别、人员职责和作业人员数量，见表 13-1-2。

表 13-1-2　　　　　　　　　　　　劳 动 组 织

√	序号	人员类别	职　　责	作业人数
	1	工作负责人（监护人）	1）对工作全面负责，在检修工作中要对作业人员明确分工，保证工作质量； 2）对安全作业方案及工作质量负责； 3）识别现场作业危险源，组织落实防范措施； 4）工作前对工作班成员进行危险点告知，交代安全措施和技术措施，并确认每一个工作班成员都已知晓； 5）对作业过程中的安全进行监护	1 人

续表

√	序号	人员类别	职　责	作业人数
	2	斗内电工	按工作负责人指令安装、拆除绝缘隔离措施，按本指导书规定实施作业步骤	2 人
	3	杆上电工	配合安装柱上开关或隔离开关	1 人
	4	地面电工	按工作负责人指令实施作业步骤	若干

2）人员要求。

表 13-1-3 明确了工作人员的精神状态，工作人员的资格包括作业技能、安全资质和特殊工种资质等要求。

表 13-1-3　　　　　　　　　人　员　要　求

√	序号	内　容	备注
	1	现场作业人员应身体健康、精神状态良好	
	2	具备必要的电气知识和配网带电作业技能，能正确使用作业工器具，了解设备有关技术标准要求，持有效配网带电作业合格证上岗	
	3	熟悉现场安全作业要求，并经《安规》考试合格	

（3）备品备件与材料。

根据检修项目，确定所需的备品备件与材料，见表 13-1-4。

表 13-1-4　　　　　　　　备 品 备 件 与 材 料

√	序号	名称	型号及规格	单位	数量	备　注
	1					
	2					

（4）工器具与仪器仪表。

工器具与仪器仪表主要包括专用工具、常用工器具、仪器仪表等，见表 13-1-5。

表 13-1-5　　　　　　　　工 器 具 与 仪 器 仪 表

√	序号	名称	型号及规格	单位	数量	备　注
	1	绝缘斗臂车		辆	1	绝缘工作平台，机械及电气强度满足安规要求，周期预防性检查性试验合格
	2	安全防护用具		套	2	绝缘袖套，绝缘衣，绝缘手套等，视工作需要，机械及电气强度满足安规要求，周期预防性检查性试验合格

续表

√	序号	名称	型号及规格	单位	数量	备　注
	3	绝缘遮蔽工具		块	若干	绝缘毯，绝缘挡板，绝缘导线罩，绝缘横担等，视工作需要，机械及电气强度满足安规要求，周期预防性检查性试验合格
	4	绝缘引流线	400A	根	3	机械及电气强度满足安规要求，周期预防性检查性试验合格
	5	绝缘绳		条	若干	
	6	绝缘操作杆		根	若干	5000V 绝缘电阻表进行分段绝缘检测，电阻值应不低于 700MΩ，视工作需要，机械及电气强度满足安规要求，周期预防性检查性试验合格
	7	5000V 绝缘电阻表		只	1	周期性校验合格
	8	苫布		块	1	

（5）技术资料。

表 13-1-6 要求的技术资料主要包括现场使用的图纸、出厂说明书、检修记录等。

表 13-1-6　　　　　　　　　　技　术　资　料

√	序号	名　　称	备注
	1		
	2		

（6）检修前设备设施状态。

检修前通过查看表 13-1-7 的内容，了解待检修设备的运行状态。

表 13-1-7　　　　　　　　　　检修前设备设施状态

√	序号	检修前设备设施状态
	1	
	2	

（7）危险点分析与预防控制措施。

表 13-1-8 规定了绝缘手套作业法带负荷更换柱上开关隔离开关的危险点与预防控制措施。

表 13–1–8　　　　　　　　　　危险点分析与预防控制措施

√	序号	防范类型	危险点	预防控制措施
	1	防触电	人身触电	1）作业过程中，不论线路是否停电，都应始终认为线路有电。 2）确定作业线路重合闸已退出。 3）保持对地最小距离 0.4m，对邻相导线的最小距离 0.6m，绝缘绳索类工具有效绝缘长度不小于 0.4m，绝缘操作杆有效绝缘长度不小于 0.7m。 4）必须天气良好条件下进行
	2	高空坠落	登高工具不合格及不规范使用登高工具	1）设专职监护人。 2）杆塔上作业转移时，不得失去安全保护。 3）安全带应高挂低系在杆塔或牢固的构件上，扣牢扣环。 4）杆塔上作业人员应系好安全带、戴好安全帽。 5）检查安全带应安全完好

4. 检修流程图

根据检修设备的结构、检修工艺以及作业环境，将检修作业的全过程优化为最佳的检修步骤顺序（见图 13–1–2）。

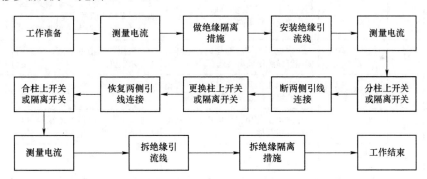

图 13–1–2　绝缘手套作业法带负荷更换柱上开关隔离开关流程图

5. 检修程序与作业标准

（1）开工。

办理开工许可手续前应检查落实的内容，见表 13–1–9。

表 13–1–9　　　　　　　　　　开 工 内 容 与 要 求

√	序号	内　　容
	1	工作负责人核对线路名称、杆号，与当值调度员联系
	2	绝缘斗臂车进入合适位置，装好可靠接地，现场装设围栏

√	序号	内　容
	3	工作负责人召集工作人员交代工作任务，对工作班成员进行危险点告知、交代安全措施和技术措施，确认每一个工作班成员都已知晓，检查工作班成员精神状态是否良好，变动是否合适，并进行抽查、问答，对站班会内容应进行录音
	4	根据分工情况整理材料，对安全工具、绝缘工具进行检查、摇测，查看绝缘臂、绝缘斗是否良好，做好工作前的准备工作
	5	斗内电工戴好安全防护用具，进入绝缘斗内，挂好保险钩

（2）检修项目与作业标准。

按照检修流程，对每一个检修项目，明确作业标准、注意事项等内容，见表 13-1-10。

表 13-1-10　　　　　　　　　检修项目与作业标准

√	序号	检修项目	作业标准	注意事项	备注
	1	测量电流	斗内电工操作绝缘斗臂车进入工作位置，使用钳形电流表测量电流，确认柱上开关导通，确认在绝缘引流线的使用范围内	1）400A 绝缘引流线按带电作业 1.2 倍安全系数，作业时允许通过333A 的负荷电流，否则必须采取限制系统电流的措施；2）检查柱上开关无异常情况	
	2	做绝缘隔离措施	斗内电工视情况对导线、电杆、横担等做绝缘隔离措施	安装原则"由近至远、从大到小、从低到高"	
	3	安装绝缘引线	斗内电工清除导线氧化层，逐相安装绝缘引流线跨接于耐张两侧		
	4	测量电流	斗内电工使用钳形电流表测量绝缘引流线及柱上开关电流	如果两部分电流基本相等，则可以确认为绝缘引流线安装到位	
	5	分柱上开关或隔离开关	斗内电工拉开柱上开关		
	6	断两侧引线连接	斗内电工逐相断负荷侧引线，通常先拆两边相，后拆中相，先拆导线端引线，拆开的引线用绝缘绳或操作杆吊挂在导线上	吊挂距离 0.4～0.6m	
	7	更换柱上开关或隔离开关	斗内电工放下引线，配合杆上电工拆除桩头引线，接地线等，更换柱上开关或隔离开关，恢复引线、接地线等连接	采用绝缘斗臂车自带小吊机作业时的有效荷载和垂直起吊	
	8	恢复两侧引线连接	斗内电工将引线用绝缘绳或操作杆吊挂在导线上，逐相恢复两侧引线连接，通常先中相，后两边相		
	9	合上柱上开关或隔离开关	斗内电工使用绝缘操作杆合上柱上开关		

续表

√	序号	检修项目	作业标准	注意事项	备注
	10	测量电流	斗内电工使用钳形电流表测量绝缘引流线及柱上开关电流，确认新柱上负荷开关安装到位	若安装的是有脱扣的柱上负荷开关，必须锁定跳闸机构	
	11	拆绝缘引流线	斗内电工配合逐相拆除绝缘引流线	如前锁定跳闸机构，拆完绝缘引流线可以恢复	
	12	拆绝缘隔离措施	斗内电工拆除绝缘隔离措施，绝缘斗退出有电工作区域，返回地面	拆除原则"由远至近、从小到大、从高到低"	

（3）检修记录。

表 13-1-11 规定了配电网带电作业记录的内容，包括设备类别、工作内容、配电网带电作业统计数据等内容。

表 13-1-11 带 电 作 业 登 记 表

设备类别	
工作内容	
作业方式	
实际作业时间（h）	
多供电量（kWh）	
工作负责人姓名	
带电人员作业时间（h）	
作业人数	
作业日期	
备注	

（4）竣工。

表 13-1-12 规定了工作结束后的注意事项，如清理工作现场、清点工具、回收材料、填写配电网带电作业记录、办理工作票终结等内容。

表 13-1-12 竣 工 内 容 与 要 求

√	序号	内 容
	1	工作负责人全面检查，符合验收规范要求后，记录在册并召开收工会进行工作点评后，宣布工作结束
	2	联系当值调度工作已经结束，工作班撤离现场

6. 验收

表 13-1-13 规定了需要填写的内容，包括记录改进和更换的零部件、存在问题及处理意见、检修单位验收总结评价、运行单位验收意见。

表 13-1-13　　　　　　　　　　验 收 记 录

自验收记录	记录改进和更换的零部件	
	存在问题及处理意见	
验收结论	检修单位验收总结评价	
	运行单位验收意见及签字	

【思考与练习】

1. 绝缘手套作业法带负荷更换柱上开关或隔离开关作业中应对哪些东西进行有效遮蔽？

2. 叙述绝缘手套作业法带负荷更换柱上开关或隔离开关标准化作业的流程。

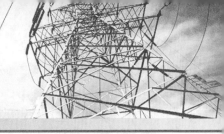

国家电网有限公司
技能人员专业培训教材 配电带电作业

第十四章

绝缘手套作业直线杆改耐张杆并加装
柱上开关或隔离开关

◢ 模块 1 编写绝缘手套作业直线杆改耐张杆并加装柱上开关或
隔离开关作业指导书（Z58F6001Ⅲ）

【模块描述】本模块包含绝缘手套作业直线杆改耐张杆并加装柱上开关或隔离开关
原理、现场作业指导书编写要求和带电更换直线绝缘子的基本方法等内容。通过对绝
缘手套作业直线杆改耐张杆并加装柱上开关或隔离开关原理讲解、现场作业指导书编
写要求和基本方法等内容的介绍，达到掌握作业指导书编写和作业组织指挥的目的。

【模块内容】

一、绝缘手套作业法直线杆改耐张杆并加装柱上开关或隔离开关原理

绝缘手套作业法直线杆改耐张杆并加装柱上开关或隔离开关作业原理就是通过对
作业范围内的带电导线、绝缘子、横担应进行有效遮蔽，先对近边相进行导线拆除，
安装耐张横担并固定近边相导线，再进行负荷转移，开耐张，然后进行远边相作业，
最后进行中相作业，待三相工作结束后，安装柱上开关或隔离开关并连接两侧引线，
合柱上开关或隔离开关，检查负荷情况，拆除绝缘引流线，恢复绝缘。

绝缘手套作业法带电直线杆改耐张杆并加装柱上开关或隔离开关中，作业人员穿
绝缘靴戴绝缘手套等防护用具，以绝缘手套的绝缘臂（超过 1m 的有效绝缘）或绝缘
梯等绝缘平台为主绝缘，以绝缘罩、绝缘毯等绝缘遮蔽措施为辅助绝缘。作业中无论
作业人员与接地体或邻相的间隙是否满足安全距离要求，均需对人体可能触及范围内
的带电体和接地体进行绝缘遮蔽，必要时还要增加绝缘挡板等限位措施。

二、作业指导书编写要求

配电线路带电作业标准化作业指导书，是对配电线路带电作业全过程控制指导的
约束性文件，它针对作业前、作业中和作业后的各个作业环节进行了规范，使作业计
划翔实、人员安排妥当、现场勘察清楚、工器具准备齐全、材料准备充足、危险点分

析到位、防范措施严密、工艺标准全面，充分体现了现场带电作业全过程、全方位、全员的管理，保证了作业过程处于"能控、在控、可控"状态，以获得最佳秩序与效果，各作业环节层次分明、连接可靠，各作业内容细化、量化和标准化，做到作业闭环管理、作业有程序、安全有措施、质量有标准、考核有依据。具体在编写标准化作业指导书时，应重点注意以下 7 点要求。

（1）指导书编写人员必须参加现场勘察，主要包括：查明作业范围、核对杆名、杆号；查看作业杆塔周边环境、杆塔结构形式、电气关系（相序、分歧、回路排列、相邻线路、交叉跨越、绝缘配置）、导线型号、导线损伤情况、杆塔运行工况等。如绝缘手套作业法带电直线杆改耐张杆并加装柱上开关或隔离开关作业中，必须明确作业点两端交叉跨越情况，直线杆结构形式，导线型号，导线是否受损等内容。

（2）根据杆塔、线路运行工况，现场环境等确定带电作业方法，设计作业步骤，明确工艺标准，确定危险点控制和安全防范措施及注意事项。如确定垂直荷载不超过绝缘操作杆小吊机作业状态的额定值。

（3）根据作业内容合理安排带电作业人员，应安排工作经验丰富的作业人员担任工作负责人，并配备足够的工作班成员。

（4）根据作业内容配备工器具、材料，注意选用的工器具和使用的材料规格要与现场设备相符，使用的绝缘工器具应满足安规要求。

（5）针对现场实际情况和作业方法进行危险点分析，特别关注导线损伤、杆塔结构失稳，构件严重变形、绝缘配置损坏等情况并制定相应的防范措施，危险点分析要考虑作业全过程，防范措施要体现对设备及人员行为的全过程预控。

（6）根据现场实际情况必要时应补充特殊的安全技术措施。如标准化指导书在执行过程中，发现不切合实际、与相关图纸及有关规定不符等情况，应立即停止工作。作业负责人根据现场实际情况及时修改指导书，履行审批手续并做好记录后，按修改后的标准化指导书继续工作。

（7）在编写标准化作业指导书时，还要使其语言标准化，其原则是：语言简练、通俗易懂、避免口语、语法严谨、标点正确。

三、标准化作业指导书编写

标准化作业指导书可依据《国家电网公司现场标准化作业指导书编制导则》中规定的格式与要求而进行，一般由封面、范围、引用文件、前期准备（包括 1 份现场勘察记录）、流程图、作业程序和工艺标准（包括危险点和控制措施）、验收记录、作业指导书执行情况评估和附录等组成，结合现场实际情况与需要可作适当的删减与合并。

以下为绝缘手套作业法带电直线杆改耐张杆并加装柱上开关或隔离开关标准化作业指导书的编写示例，封面如图 14-1-1 所示。

编号：Q/×××

绝缘手套作业法直线杆改耐张杆加装柱上开关或隔离开关
作业指导书

批准：＿＿×××＿＿　×年×月×日

审核：＿＿×××＿＿　×年×月×日

编写：＿＿×××＿＿　×年×月×日

作业负责人：＿×××＿

作业时间：×年×月×日×时至×年×月×日×时

××供电公司×××

图 14-1-1　封面

1. 范围

本标准化作业指导书规定了绝缘手套作业法直线杆改耐张杆加装柱上开关或隔离开关标准化作业的检修前准备、检修流程图、检修程序与作业标准、检修记录和验收等要求。

本标准化作业指导书适用于绝缘手套作业法直线杆改耐张杆加装柱上开关或隔离开关标准化作业。

2. 规范性引用文件

下列文件对于本文件的应用是必不可少的。凡是注日期的引用文件，仅所注日期的版本适用于本文件。凡是不注日期的引用文件，其最新版本（包括所有的修改单）适用于本文件。

GB 12168　带电作业用遮蔽罩

GB 13035　带电作业用绝缘绳索

GB 13398　带电作业用空心绝缘管、泡沫填充绝缘管和实心绝缘棒

GB 17622　带电作业用绝缘手套通用技术条件

GB 50173　电气装置安装工程 35kV 及以下架空电力线路施工及验收规范

GB/T 2900.55—2002　电工术语带电作业

GB/T 14286—2002　带电作业工具设备术语

GB/T 18857　配电线路带电作业技术导则

DL/T 778　带电作业用绝缘袖套

DL 779　带电作业用绝缘绳索类工具

DL/T 803　带电作业用绝缘毯

DL/T 880　带电作业用导线软质遮蔽罩

DL/T 1125　10kV 带电作业用绝缘服装

Q/GDW 519　国家电网公司配电网运行规程

Q/GDW 520　国家电网公司 10kV 架空配电线路带电作业管理规范

国家电网安监〔2009〕664 号　国家电网公司电力安全工作规程（电力线路部分）

国家电网生〔2007〕751 号　国家电网公司带电作业工作管理规定（试行）

3. 检修前准备

（1）准备工作安排。

根据工作安排合理开展准备工作，准备工作内容见表 14-1-1。

表 14-1-1　　　　　　　　　　准 备 工 作 安 排

√	序号	内　容	标　准	备注
	1	确定工作范围及作业方式	明确线路、杆号	
	2	组织作业人员学习作业指导书，使全体作业人员熟悉作业内容、作业标准、安全注意事项	作业人员明确作业标准	
	3	根据工作时间和工作内容填写工作票	工作票填写正确	
	4	准备工器具，所用工器具良好，未超过试验周期	领用绝缘工具、安全用具及辅助器具，核对工器具的使用电压等级和试验周期；作外观检查完好无损；使用绝缘电阻表或绝缘测试仪进行分段绝缘检测，发现阻值低于 700MΩ 的绝缘工具，应及时更换；工器具运输装箱入袋	
	5	危险源点预控卡编制	危险源点分析到位	

（2）劳动组织及人员要求。

1）劳动组织。

劳动组织明确了工作所需人员类别、人员职责和作业人员数量，见表 14-1-2。

表 14-1-2　　　　　　　　　　劳 动 组 织

√	序号	人员类别	职　责	作业人数
	1	工作负责人（监护人）	1）对工作全面负责，在检修工作中要对作业人员明确分工，保证工作质量； 2）对安全作业方案及工作质量负责； 3）识别现场作业危险源，组织落实防范措施； 4）工作前对工作班成员进行危险点告知，交代安全措施和技术措施，并确认每一个工作班成员都已知晓； 5）对作业过程中的安全进行监护	1 人

续表

√	序号	人员类别	职　责	作业人数
	2	斗内电工	安装、拆除绝缘隔离措施，按本指导书规定实施作业步骤	2人
	3	杆上电工	配合安装柱上开关或隔离开关	1人
	4	地面电工	按工作负责人指令实施作业步骤	若干

2）人员要求。

表 14-1-3 明确了工作人员的精神状态，工作人员的资格包括作业技能、安全资质和特殊工种资质等要求。

表 14-1-3　　　　　　　　　人　员　要　求

√	序号	内　　容	备注
	1	现场作业人员应身体健康、精神状态良好	
	2	具备必要的电气知识和配网带电作业技能，能正确使用作业工器具，了解设备有关技术标准要求，持有效配网带电作业合格证上岗	
	3	熟悉现场安全作业要求，并经《安规》考试合格	

（3）备品备件与材料。

根据检修项目，确定所需的备品备件与材料，见表 14-1-4。

表 14-1-4　　　　　　　　备品备件与材料

√	序号	名称	型号及规格	单位	数量	备　注
	1					
	2					

（4）工器具与仪器仪表。

工器具与仪器仪表主要包括专用工具、常用工器具、仪器仪表等，见表 14-1-5。

表 14-1-5　　　　　　　　工器具与仪器仪表

√	序号	名称	型号及规格	单位	数量	备　注
	1	绝缘绳		条	若干	5000V 绝缘电阻表进行分段绝缘检测，电阻值应不低于 700MΩ，视工作需要，机械及电气强度满足安规要求，周期预防性检查性试验合格
	2	绝缘操作杆		根	若干	5000V 绝缘电阻表进行分段绝缘检测，电阻值应不低于 700MΩ，视工作需要，机械及电气强度满足安规要求，周期预防性检查性试验合格

√	序号	名称	型号及规格	单位	数量	备　注
	3	绝缘斗臂车		辆	2	绝缘工作平台，机械及电气强度满足安规要求，周期预防性检查性试验合格
	4	绝缘遮蔽工具		块	若干	绝缘毯、绝缘挡板、绝缘导线罩、绝缘横担等，视工作需要，机械及电气强度满足安规要求，周期预防性检查性试验合格
	5	绝缘引流线	400A	根	3	
	6	安全防护用具		套	2	绝缘袖套、绝缘衣、绝缘手套等，视工作需要，机械及电气强度满足安规要求，周期预防性检查性试验合格
	7	绝缘紧线装置		套	2	棘轮扁带紧线器，机械及电气强度满足安规要求，周期预防性检查性试验合格
	8	卡线器		只	2	导线后备保险用
	9	断线剪		把	1	绝缘断线剪或绝缘棘轮剪刀，视工作需要
	10	钳形电流表		只	1	周期性校验合格
	11	5000V 绝缘电阻表		只	1	周期性校验合格
	12	苫布		块	若干	

（5）技术资料。

表 14-1-6 要求的技术资料主要包括现场使用的图纸、出厂说明书、检修记录等。

表 14-1-6　　　　　　　　　　技　术　资　料

√	序号	名　　　称	备注
	1		
	2		

（6）检修前设备设施状态。

检修前通过查看表 14-1-7 的内容，了解待更换柱上变压器的运行状态。

表 14-1-7　　　　　　　　　　检修前设备设施状态

√	序号	检修前设备设施状态
	1	
	2	

（7）危险点分析与预防控制措施。

表 14-1-8 规定了绝缘手套作业法直线杆改耐张杆加装柱上开关或隔离开关的危险点与预防控制措施。

表 14-1-8 　　　　　　　　　危险点分析与预防控制措施

√	序号	防范类型	危险点	预防控制措施
	1	防触电	人身触电	1）作业过程中，不论线路是否停电，都应始终认为线路有电。 2）停用重合闸。 3）保持对地最小距离 0.4m，对邻相导线的最小距离 0.6m，绝缘绳索类工具有效绝缘长度不小于 0.4m，绝缘操作杆有效绝缘长度不小于 0.7m。 4）必须天气良好条件下进行
	2	高空坠落	登高工具不合格及不规范使用登高工具	1）设专职监护人。 2）杆塔上作业转移时，不得失去安全保护。 3）安全带应高挂低系在杆塔或牢固的构件上，扣牢扣环。 4）杆塔上作业人员应系好安全带，戴好安全帽。 5）检查安全带应安全完好

4. 检修流程图

根据检修设备的结构、检修工艺以及作业环境，将检修作业的全过程优化为最佳的检修步骤顺序（见图 14-1-2）。

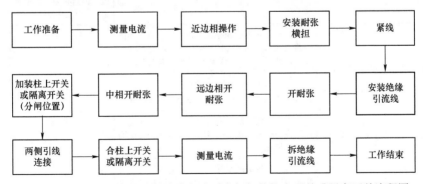

图 14-1-2　绝缘手套作业法直线杆改耐张杆加装柱上开关或隔离开关流程图

5. 检修程序与作业标准

（1）开工。

办理开工许可手续前应检查落实的内容，见表 14-1-9。

表 14-1-9　　　　　　　　　开 工 内 容 与 要 求

√	序号	内　　容
	1	工作负责人核对线路名称、杆号，与当值调度员联系
	2	绝缘斗臂车进入合适位置，装好可靠接地，现场装设围栏
	3	工作负责人召集工作人员交代工作任务，对工作班成员进行危险点告知、交代安全措施和技术措施，确认每一个工作班成员都已知晓，检查工作班成员精神状态是否良好，变动是否合适，并进行抽查、问答，对站班会内容应进行录音
	4	根据分工情况整理材料，对安全工具、绝缘工具进行检查、摇测，查看绝缘臂、绝缘斗是否良好，做好工作前的准备工作
	5	斗内电工组装小吊机和绝缘横担，戴好安全防护用具，进入绝缘斗内，挂好保险钩

（2）检修项目与作业标准。

按照检修流程，对每一个检修项目，明确作业标准、注意事项等内容，见表 14-1-10。

表 14-1-10　　　　　　　　　检修项目与作业标准

√	序号	检修项目	作业标准	注意事项	备注
	1	测量电流	斗内电工操作绝缘斗臂车进入工作位置测量三相电流，并将测得的电流数值报告工作负责人确认。（电流值在允许范围 400A 内方可工作）	常见绝缘引流线有额定 200A、400A 两种规格，按 1.2 倍安全系数，作业时允许通过 167A、333A 的负荷电流，否则必须采取限制系统电流的措施	
	2	近边相操作	斗内电工对近边相导线进行绝缘隔离，操作绝缘斗臂车自带的吊钩钩住导线并使其略微受力，然后用绝缘隔离限位挡板对直线绝缘子作限位后，拆除导线扎线，将导线略微吊起后，在绝缘导线罩中间再加一张绝缘毯。视情况拆除直线绝缘子，对直线横担作绝缘隔离措施		
	3	安装耐张横担	斗内电工相互配合安装耐张横担，将导线落在耐张横担上，视情况对耐张横担另一边作绝缘隔离措施		
	4	近边相紧线	斗内电工安装耐张绝缘子串、耐张线夹、扁带式绝缘紧线器，两侧斗内电工同时将耐张绝缘子串收紧至水平，使其间导线略松弛后，安装绝缘保险装置。松脱吊钩		
	5	近边相安装绝缘引流线	斗内电工清除近边相导线氧化层，安装绝缘引流线跨接于耐张两侧，用钳形电流表测量绝缘引流线中的电流以及导线的电流	如果两部分电流基本相等，则可以确认为绝缘引流线安装正确到位	

√	序号	检修项目	作业标准	注意事项	备注
	6	近边相开断耐张	斗内电工相互配合在导线和耐张横担间插入绝缘挡板，拆除导线中间的绝缘软毯，露出导线拟开断点，用断线剪开断，将开断的导线纳入耐张线夹紧固，拆除绝缘挡板、绝缘保险装置、扁带式绝缘紧线器。对耐张线夹尾线作绝缘隔离固定措施	制作过程中不能大幅晃动，要严格监护	
	7	远边相操作	斗内电工转移至远边相工作位置，对远边相导线进行绝缘隔离，操作绝缘斗臂车自带的吊钩钩住导线并使其略微受力，然后用绝缘隔离限位挡板对直线绝缘子作限位后，拆除导线扎线，将导线略微吊起后，在绝缘导线罩中间再加一张绝缘毯。视情况拆除直线绝缘子，对直线横担作绝缘隔离措施		
	8	远边相紧线	斗内电工安装耐张绝缘子串、耐张线夹、扁带式绝缘紧线器，两侧斗内电工同时将耐张绝缘子串收紧至水平，使其间导线略微松弛后，安装绝缘保险装置。松脱吊钩，视情况拆除直线横担		
	9	远边相安装绝缘引流线	斗内电工清除远边相导线氧化层，安装绝缘引流线跨接于远边相耐张两侧，用钳形电流表测量绝缘引流线中的电流以及导线的电流	如果两部分电流基本相等，则可以确认为绝缘引流线安装正确到位	
	10	远边相开断耐张	斗内电工相互配合在导线和耐张横担间插入绝缘挡板，拆除导线中间的绝缘软毯，露出导线拟开断点，用断线剪开断，将开断的导线纳入耐张线夹紧固，拆除绝缘挡板、绝缘保险装置、扁带式绝缘紧线器。对耐张线夹尾线作绝缘隔离固定措施	制作过程中不能大幅晃动，要严格监护	
	11	中相操作	斗内电工转移至中相，对导线、杆顶进行绝缘隔离，操作绝缘斗臂车自带的吊钩钩住导线并使其略微受力，然后用绝缘隔离限位挡板对直线绝缘子作限位后，拆除导线扎线，将导线略微吊起后，在绝缘导线罩中间再加一张绝缘软毯，拆除中相直线装置，安装中相扁铁抱箍，挂上耐张绝缘子串，对杆顶作绝缘隔离		
	12	中相紧线	两侧斗内电工同时将耐张绝缘子串收紧至水平，使其间导线略微松弛后，安装绝缘保险装置。松脱吊钩		
	13	中相安装绝缘引流线	斗内电工清除中相导线氧化层，安装绝缘引流线跨接于耐张两侧，用钳形电流表测量绝缘引流线中的电流以及导线的电流	如果两部分电流基本相等，则可以确认为绝缘引流线安装正确到位	

续表

√	序号	检修项目	作业标准	注意事项	备注
	14	中相开耐张	斗内电工拆除中相导线中间的绝缘软毯,露出导线拟断点,用断线剪断,将开断的导线纳入耐张线夹紧固,拆除绝缘挡板、绝缘保险装置、扁带式绝缘紧线器。对耐张线夹尾线作绝缘隔离固定措施	制作过程中不能大幅晃动,要严格监护	
	15	安装柱上开关或隔离开关	斗内电工配合杆上电工安装柱上开关或隔离开关,制作两侧引线,紧固桩头端,另一端逐相吊挂在导线上,柱上开关或隔离开关处分闸位置	安装柱上开关或隔离开关后试操作分合正常,分柱上开关或隔离开关,如是有脱扣开关锁死跳闸机构	
	16	连接两侧引线	斗内电工逐相连接两侧引线		
	17	合柱上开关或隔离开关	斗内电工合柱上开关或隔离开关		
	18	测量电流	斗内电工测量引线电流以及导线的电流	如果两部分电流基本相等,则可以确认为柱上开关或隔离开关运行正常	
	19	拆除绝缘引流线	斗内电工逐相拆除绝缘引流线和绝缘隔离措施,绝缘斗退出有电工作区域,返回地面	如前有脱扣开关锁死跳闸机构,拆完绝缘引流线后恢复	

(3)检修记录。

表 14-1-11 规定了配电网带电作业记录的内容,包括设备类别、工作内容、配电网带电作业统计数据等内容。

表 14-1-11 带 电 作 业 登 记 表

设备类别	
工作内容	
作业方式	
实际作业时间(h)	
多供电量(kWh)	
工作负责人姓名	
带电人员作业时间(h)	
作业人数	
作业日期	
备注	

（4）竣工。

表 14-1-12 规定了工作结束后的注意事项，如清理工作现场、清点工具、回收材料、填写配电网带电作业记录、办理工作票终结等内容。

表 14-1-12　　　　　　　　　　竣 工 内 容 与 要 求

√	序号	内　　容
	1	工作负责人全面检查，符合验收规范要求后，记录在册并召开收工会进行工作点评后，宣布工作结束
	2	联系当值调度工作已经结束，工作班撤离现场

6. 验收

表 14-1-13 规定了需要填写的内容，包括记录改进和更换的零部件、存在问题及处理意见、检修单位验收总结评价、运行单位验收意见。

表 14-1-13　　　　　　　　　　验 收 记 录

自验收记录	记录改进和更换的零部件	
	存在问题及处理意见	
验收结论	检修单位验收总结评价	
	运行单位验收意见及签字	

【思考与练习】

1. 绝缘手套作业法直线杆改耐张杆并加装柱上开关或隔离开关作业中采用哪些工器具与仪器仪表？

2. 叙述绝缘手套作业法直线杆改耐张杆并加装柱上开关或隔离开关标准化作业的流程。

第三部分

综合不停电作业法

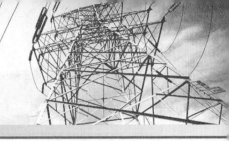

第十五章

综合不停电作业法更换柱上变压器

▲ 模块 1 综合不停电作业法更换柱上变压器（Z58G1001Ⅲ）

【模块描述】本模块包含综合不停电作业法更换柱上变压器原理；通过对综合不停电作业法更换柱上变压器工艺流程、人员组织措施及安全技术措施介绍，达到了解综合不停电作业法更换柱上变压器作业的基本方法。

【模块内容】

一、作业内容

本模块主要介绍综合不停电作业法更换柱上变压器工作。

二、作业方法

综合不停电作业法更换柱上变压器作业是一项极为复杂的作业。它需要绝缘斗臂车、高低压柔性电缆（旁路布缆车）、移动式全绝缘配电变压器（负荷转移车）、负荷开关（负荷开关车）、核相仪、钳形电流表等设备，操作步骤多，过程复杂，时间长，工作时人员之间要协作好。

三、作业前准备

（一）作业条件

本作业应在良好天气下进行，如遇雷电（听见雷声、看见闪电）、雪、雹、雨、雾、空气相对湿度超过80%，风力大于5级（10m/s）时，一般不宜进行作业。

（二）人员组成

本作业项目作业人员应由具备带电作业资格并审验合格的工作人员所组成，本作业项目共计10名。其中工作负责人1名（监护人）、专责监护人1名、斗内电工2名、杆上电工2名、地面电工4名。

（三）主要工器具及仪器仪表准备

更换直线绝缘子及横担作业所需主要工器具及仪器仪表见表15-1-1。

表 15-1-1 　　　　　　　　　工 器 具 及 仪 器 仪 表

√	序号	名称	型号及规格	单位	数量	备 注
	1	绝缘绳		条	若干	5000V 绝缘电阻表进行分段绝缘检测，电阻值应不低于 700MΩ，视工作需要，机械及电气强度满足安规要求，周期预防性检查性试验合格
	2	绝缘操作杆		根	若干	5000V 绝缘电阻表进行分段绝缘检测，电阻值应不低于 700MΩ，视工作需要，机械及电气强度满足安规要求，周期预防性检查性试验合格
	3	绝缘斗臂车		辆	1	绝缘工作平台，机械及电气强度满足安规要求，周期预防性检查性试验合格
	4	绝缘遮蔽工具		块	若干	绝缘毯，绝缘挡板，绝缘导线罩，绝缘横担等，视工作需要，机械及电气强度满足安规要求，周期预防性检查性试验合格
	5	安全防护用具		套	2	绝缘袖套，绝缘衣，绝缘手套等，视工作需要，机械及电气强度满足安规要求，周期预防性检查性试验合格
	6	钳形电流表		只	1	周期性校验合格
	7	接地电阻表		只	1	周期性校验合格
	8	核相仪		只	1	周期性校验合格
	9	5000V 绝缘电阻表		只	1	周期性校验合格
	10	苫布		块	1	
	11	高压柔性电缆	8.7/15kV	根	3	
	12	低压柔性电缆	0.4kV	根	3	
	13	立式卷铁芯组合式全绝缘配电变压器	315kVA	台	1	带低保三相负荷开关，600A；带低压单相负荷开关 a，125A
	14	全绝缘高压负荷开关	SF6 12kV	台	1	200A
	15	全绝缘高压负荷开关固定支架		套	1	
	16	柔性电缆展放装置		套	1	
	17	柔性电缆固定支架		只	若干	
	18	高压旁通辅助电缆（上）	8.7/15kV	根	3	
	19	高压旁通辅助电缆（下）	8.7/15kV	根	3	
	20	配电变压器高压旁通辅助电缆	8.7/15kV	根	3	
	21	中间接头		只	若干	
	22	低压单相负荷开关	125A	只	1	

（四）作业流程图（见图 15-1-1）

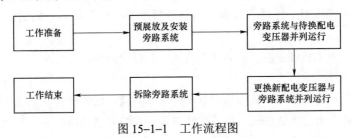

图 15-1-1　工作流程图

四、危险点分析及控制措施

危险点及控制措施见表 15-1-2。

表 15-1-2　　　　　　　　危险点分析及控制措施

√	序号	防范类型	危险点	预防控制措施
	1	防触电	人身触电	1）作业过程中，不论线路是否停电，都应始终认为线路有电。 2）停用重合闸。 3）保持对地最小距离 0.4m，对邻相导线的最小距离 0.6m，绝缘绳索类工具有效绝缘长度不小于 0.4m，绝缘操作杆有效绝缘长度不小于 0.7m。 4）必须天气良好条件下进行
	2	高空坠落	登高工具不合格及不规范使用登高工具	1）设专职监护人。 2）杆塔上作业转移时，不得失去安全保护。 3）安全带应高挂低用系在杆塔或牢固的构件上，扣牢扣环。 4）杆塔上作业人员应系好安全带，戴好安全帽。 5）检查安全带应安全完好

五、操作过程

1. 现场操作前的准备

（1）工作负责人应按带电作业工作票内容与当值调度员联系。

（2）工作负责人核对线路名称、变压器台架编号。

（3）绝缘斗臂车进入合适位置，并可靠接地，根据道路情况设置安全围栏、警告标志或路障。

（4）工作负责人召集工作人员交代工作任务，对工作班成员进行危险点告知、交代安全措施和技术措施，确认每一个工作班成员都已知晓，检查工作班成员精神状态是否良好，人员是否合适。

（5）根据分工情况整理材料，对安全用具、绝缘工具进行检查，绝缘工具应使用绝缘检测仪进行分段绝缘检测，绝缘电阻值不低于 700 兆欧（在出库前如已测试过的可省去现场测试步骤）。

（6）查看绝缘臂、绝缘斗良好，调试斗臂车（在出车前如已调试过的可省去此步骤）。

（7）斗内电工戴好手套，进入绝缘斗内，挂好保险钩。

2. 操作步骤

（1）预展放旁路系统：核对待更换配变所带负荷，确定在旁路系统各元件的有效范围内，选择适当位置展放高、低压柔性电缆、安装旁路负荷开关、安放立式卷铁芯组合式全绝缘配变（简称全绝缘配变），完成旁路系统连接。进行旁路系统试验，确保电气性能满足要求。试验结束后，将旁路系统处于分闸状态。

（2）作业现场选择合适位置安放电缆支架，柔性电缆盘，装设围栏安放全绝缘配变，中性点接地。

（3）杆上电工安装支架及全绝缘高压负荷开关。

（4）地面电工展放高压柔性电缆，杆上电工在杆上合适位置安装柔性电缆固定支架。

（5）斗内电工安装高压旁通辅助电缆（上），接入全绝缘高压负荷开关，抓手端逐相吊挂在砼杆适当位置。

（6）斗内电工安装高压旁通辅助电缆（下），一端接入全绝缘高压负荷开关，另一端用中间接头连接高压柔性电缆，然后插入全绝缘旁路配变高压桩头。

（7）地面电工展放低压柔性电缆，斗内电工在杆上合适位置安装柔性电缆固定支架，固定好低压柔性电缆后将一端接入旁路配变低压侧，抓手端逐相吊挂在砼杆适当位置。

（8）检查旁路系统各开关全绝缘旁路系统的全绝缘高压负荷开关、低保三相负荷开关、低压单相负荷开关处于分路位置。

（9）斗内电工操作绝缘斗臂车进入作业位置，做好绝缘隔离措施后，将三相高压旁通辅助电缆（上）抓手端一一与导线连接。

（10）斗内电工操作绝缘斗臂车进入作业位置，做好绝缘隔离措施后，将四相低压柔性电缆抓手端一一与导线连接，先接零线，后接相线。

（11）操作核相。

（12）测量低压侧电流强度。

（13）工作负责人比较导线及旁路系统电流，确认正常无误，至此全绝缘旁路系统与待换配变并列运行完成。

（14）工作负责人命令拉开待换配变低保开关、高压跌落式熔断器，并摘下熔丝管。

（15）斗内电工操作绝缘斗臂车进入作业位置，对低压导线做好绝缘隔离措施后，拆除低保开关三相引出线与低压电网相线的连接。

（16）测量待换配变零线电流。

（17）斗内电工在待换配变零线与低压电网零线接头两侧安装单相负荷开关，单相负荷开关处于分闸状态。

（18）斗内电工合上单相负荷开关，测量零线电流，确认开关有效，拆除零线连接后，拉开单相负荷开关。

（19）拆开待换配变高低压两侧各引线连接并固定。

（20）更换配变并恢复新配变高低压两侧各引线连接。

（21）斗内电工合上单相负荷开关，测量零线电流，确认开关有效，恢复零线连接。

（22）斗内电工拉开单相负荷开关，拆除单相负荷开关。

（23）斗内电工恢复低保开关三相低压引出线与低压电网相线的连接，然后拆除绝缘隔离措施。

（24）工作负责人在确认新配变连接均已准确可靠后，命令装上熔丝管合上高压跌落式熔断器，再命令在低保负荷开关两侧核相，确认无误后，再命令合上低保负荷开关。

（25）斗内电工测量新配变低压侧的电流强度、全绝缘配变低压柔性电缆的电流强度，并汇报工作负责人，确认正常无误，至此新配变与全绝缘旁路系统并列运行完成。

（26）工作负责人命令拉开全绝缘配变低保三相负荷开关、低压单相负荷开关、全绝缘高压负荷开关。

（27）斗内电工逐相拆开低压柔性电缆与低压电网导线连接。

（28）斗内电工拆开高压旁通辅助电缆（上）与导线连接，逐相吊下，地面电工对其放电后，重新合上全绝缘配变低保三相负荷开关、低压单相负荷开关、全绝缘高压负荷开关对全绝缘旁路系统放电。

（29）拆除旁路系统。

【思考与练习】

1. 综合不停电作业法更换柱上变压器作业工具有哪些？

2. 叙述综合不停电作业法更换柱上变压器的作业流程图。

3. 叙述综合不停电作业法更换柱上变压器的作业步骤。

第十六章

编写旁路法作业法作业指导

▲ 模块 1　编写旁路法作业指导书（Z58G2001Ⅲ）

【模块描述】本模块包含旁路法作业原理；通过对旁路作业工艺流程、人员组织措施及安全技术措施介绍，掌握旁路法作业组织指挥、编写作业指导书、工序卡的要求。

【模块内容】

一、旁路法作业原理

10kV 配电线路元件，特别是导通电流的元件带电更换，常规作业都是先切断元件后段负荷，采用绝缘手套作业法断接引线工艺进行更换，如果元件后段负荷不能切除，则必须采取旁路法作业，也就是俗称的带负荷作业。由于安规中有明文严禁带负荷作业，为避免歧义，所以广义的采用旁路法作业的名称。

旁路法作业的原理是在线路元件两端安装旁路系统，通过旁路系统的投切，达到更换线路元件的同时保证持续供电的目的。其原理可简述为以下流程，如图 16-1-1 所示。

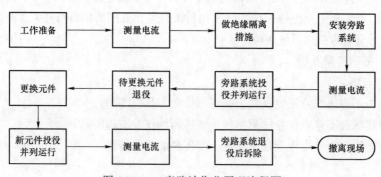

图 16-1-1　旁路法作业原理流程图

进一步简化可表述为如图 16-1-2 所示流程图。

图 16-1-2　旁路法作业原理简化流程图

所有的旁路法作业都可以归纳为这样的几个环节，各环节电路变化见表 16-1-1。

表 16-1-1　　　　　　　　　　旁路法作业电路变化表

序号	步　骤	电路变化示意图
1	确定旁路系统满足作业要求，在待更换元件两端安装旁路系统（此时待更换元件电路导通）	待更换元件　旁路系统
2	旁路系统投役，此时旁路系统与待更换元件并列运行（此时待更换元件电路和旁路系统导通，并列运行）	待更换元件　旁路系统
3	待更换元件退役后更换新元件（此时待更换元件电路断路，旁路系统导通）	待更换元件　旁路系统
4	新元件投役与旁路系统并列运行（此时新元件电路和旁路系统导通，并列运行）	新元件　旁路系统
5	旁路系统退役，拆除（此时新元件电路导通）	新元件　旁路系统

不同的旁路作业所使用的旁路系统，最简单的可以只是一根软铜线或绝缘引流线，复杂的旁路系统可以包含很多元件，绝缘引流线（旁通辅助电缆），旁路负荷开关，旁路柔性电缆，各型号柔性电缆连接器，安装旁路系统用的各种附件支架等，但其作业原理都可以简化为上述的五个步骤。

二、标准化作业指导书编写要求

配电线路带电作业标准化作业指导书，是对配电线路带电作业全过程控制指导的约束性文件，它针对作业前、作业中和作业后的各个作业环节进行了规范，使作业计划翔实、人员安排妥当、现场勘察清楚、工器具准备齐全、材料准备充足、危险点分析到位、防范措施严密、工艺标准全面，充分体现了现场带电作业全过程、全方位、全员的管理，保证了作业过程处于"能控、在控、可控"状态，以获得最佳秩序与效果，各作业环节层次分明、连接可靠，各作业内容细化、量化和标准化，做到作业闭环管理、作业有程序、安全有措施、质量有标准、考核有依据。具体在编写标准化作业指导书时，应重点注意以下 7 点要求。

（1）指导书编写人员必须参加现场勘察，主要包括：查明作业范围、核对杆名、杆号；查看作业杆塔周边环境、杆塔结构形式、电气关系（相序、分歧、回路排列、相邻线路、交叉跨越、绝缘配置）、导线型号、导线损伤情况、杆塔运行工况等，确定旁路器材的安装位置。

（2）根据杆塔、线路运行工况，现场环境等确定带电作业方法，设计作业步骤，明确工艺标准，确定危险点控制和安全防范措施及注意事项。如向调度了解可能出现的最大负荷电流，出现的时间段，旁路器材的安装程序，运动路径，统一指挥信号等。

（3）根据作业内容合理安排带电作业人员，应安排工作经验丰富的作业人员担任工作负责人，并配备足够的工作班成员。

（4）根据作业内容配备工器具、材料，注意选用的工器具和使用的材料规格要与现场设备相符，使用的绝缘工器具应满足安规要求。

（5）针对现场实际情况和作业方法进行危险点分析，特别关注导线损伤、杆塔结构失稳，构件严重变形、绝缘配置损坏等情况并制定相应的防范措施，危险点分析要考虑作业全过程，防范措施要体现对设备及人员行为的全过程预控。

（6）根据现场实际情况必要时应补充特殊的安全技术措施。如标准化指导书在执行过程中，发现不切合实际、与相关图纸及有关规定不符等情况，应立即停止工作。作业负责人根据现场实际情况及时修改指导书，履行审批手续并做好记录后，按修改后的标准化指导书继续工作。

（7）在编写标准化作业指导书时，还要使其语言标准化，其原则是：语言简练、通俗易懂、避免口语、语法严谨、标点正确。

三、标准化作业指导书编写

标准化作业指导书可依据《国家电网公司现场标准化作业指导书编制导则》中规定的格式与要求而进行，一般由封面、范围、引用文件、前期准备（包括 1 份现场勘察记录）、流程图、作业程序和工艺标准（包括危险点和控制措施）、验收记录、作业指导书执行情况评估和附录等 9 个部分组成，结合现场实际情况与需要可作适当的删减与合并。

以下为旁路法作业更换柱上隔离开关标准化作业指导书的编写示例，封面如图 16-1-3 所示。

編号：Q/×××

旁路法作业更换 10kV××线柱上隔离开关
作业指导书

批准：＿×××＿　×年×月×日
审核：＿×××＿　×年×月×日
编写：＿×××＿　×年×月×日
作业负责人：＿×××＿
作业时间：×年×月×日×时至×年×月×日×时
××供电公司×××

图 16-1-3　封面

1. 范围
本指导书适用于××供电公司旁路法作业更换柱上隔离开关（刀闸）。
2. 规范性引用文件引用文件
GB/T 2900.55—2002　电工术语　带电作业
GB/T 14286—2002　带电作业工具设备术语
GB/T 18037—2000　带电作业工具基本技术要求与设计导则
GB/T18857—2002　配电线路带电作业技术导则
GB 12168—1990　带电作业用遮蔽罩
GB 13035—2003　带电作业用绝缘绳索
GB 13398—2003　带电作业用空心绝缘管、泡沫填充绝缘管和实心绝缘棒
GB 17622—1998　带电作业用绝缘手套通用技术条件
GB 50061—1997　10kV 及以下架空线路设计、施工及验收规范
GB 50173—1992　电气装置安装工程 35kV 及以下架空电力线路施工及验收规范
DL 409—1991　电业安全工作规程（电力线路部分）
DL/T 602—1996　架空绝缘配电线路施工及验收规程
DL/T 778—2001　带电作业用绝缘袖套

DL 779—2001　带电作业用绝缘绳索类工具

DL/T 803—2002　带电作业用绝缘毯

DL/T 854—2004　带电作业用绝缘斗臂车的维护保养及在使用中的试验

DL/T 880—2004　带电作业用导线软质遮蔽罩

国家电网生〔2007〕751 号　国家电网公司带电作业工作管理规定（试行）

国网安监〔2005〕83 号　国家电网公司电力安全工作规程（电力线路部分）（试行）

现场标准化作业指导书编制导则　国家电网公司 2004 年

3. 检修前准备

（1）准备工作安排。

根据工作安排合理开展准备工作，准备工作内容见表 16–1–2。

表 16–1–2　　　　　　　　　　　　　准 备 工 作 安 排

√	序号	内容	标　准	责任人	备注
	1	明确作业项目、确定作业人员、合理进行任务分工，并组织学习作业指导书	作业人员必须认真听取工作任务布置，对作业任务及存在的危险点做到心中有数，明确人员分工；认真学习工作票内容，对作业任务及存在的危险点做到心中有数，作业前认真学习作业指导书并签名确认		
	2	确定作业所需材料和器具及相关技术要求，并按要求准备	所有工器具准备齐全，满足作业项目需要；所有带电作业工器具应满足如下试验周期： 电气试验：预防性试验每年一次，检查性试验每年一次，两次试验间隔半年。 机械试验：绝缘工具每年一次，金属工具两年一次		

（2）劳动组织及人员要求。

1）劳动组织。

劳动组织明确了工作所需人员类别、人员职责和作业人员数量，见表 16–1–3。

表 16–1–3　　　　　　　　　　　　　劳 动 组 织

√	序号	人员类别	职　责	作业人数
	1	工作负责人（监护人）	1）对工作全面负责，在检修工作中要对作业人员明确分工，保证工作质量； 2）对安全作业方案及工作质量负责； 3）识别现场作业危险源，组织落实防范措施； 4）工作前对工作班成员进行危险点告知，交代安全措施和技术措施，并确认每一个工作班成员都已知晓； 5）对作业过程中的安全进行监护	1人
	2	斗内电工	按工作负责人指令安装、拆除绝缘隔离措施，按本指导书规定实施作业步骤	2人
	3	地面电工	按工作负责人指令实施作业步骤	1人

2）人员要求。

表 16-1-4 明确了工作人员的精神状态，工作人员的资格包括作业技能、安全资质和特殊工种资质等要求。

表 16-1-4　　　　　　　　　　人　员　要　求

√	序号	内　　容	备注
	1	现场作业人员应身体健康、精神状态良好	
	2	具备必要的电气知识和配网带电作业技能，能正确使用作业工器具，了解设备有关技术标准要求，持有效配网带电作业合格证上岗	
	3	熟悉现场安全作业要求，并经《安规》考试合格	

（3）备品备件与材料。

根据检修项目，确定所需的备品备件与材料，见表 16-1-5。

表 16-1-5　　　　　　　　备 品 备 件 与 材 料

√	序号	名称	型号及规格	单位	数量	备　　注
	1					
	2					

（4）工器具与仪器仪表。

工器具与仪器仪表主要包括专用工具、常用工器具、仪器仪表等，见表 16-1-6。

表 16-1-6　　　　　　　　工 器 具 与 仪 器 仪 表

√	序号	名称		型号/规格	单位	数量	备　　注
	1	绝缘工具	绝缘绳		条	若干	
	2		绝缘杆		根	若干	绝缘支杆，5000V 绝缘电阻表进行分段绝缘检测，2cm 电极间电阻值应不低于 700MΩ，视工作需要
	3		绝缘斗臂车		辆	1	绝缘工作平台
	4		绝缘遮蔽工具		块	若干	绝缘毯，绝缘挡板，绝缘导线罩等，视工作需要
	5	防护用具	安全防护用具		套	2	绝缘袖套，绝缘衣，绝缘手套等，视工作需要
	6	旁路器材	绝缘引流线		根	若干	转移负荷
	7	其他工具	钳形电流表		只	1	测量电流，视工作需要
	8		防潮布		块	1	
	9		钢丝刷		把	1	清除导线氧化层
	10	所需材料	隔离开关		只	若干	视工作需要

（5）技术资料。

表 16-1-7 要求的技术资料主要包括现场使用的图纸、出厂说明书、检修记录等。

表 16-1-7　　　　　　　　　技　术　资　料

√	序号	名　　称	备注
	1		
	2		

（6）检修前设备设施状态。

检修前通过查看表 16-1-8 的内容，了解待检修设备的运行状态。

表 16-1-8　　　　　　　　检修前设备设施状态

√	序号	检修前设备设施状态
	1	
	2	

（7）危险点分析与预防控制措施。

表 16-1-9 规定了绝缘手套作业法更换跌落式熔断器的危险点与预防控制措施。

表 16-1-9　　　　　　　危险点分析与预防控制措施

√	序号	防范类型	危险点	控制措施	备注
	1	防触电类	人身触电	作业过程中，不论线路是否停电，都应始终认为线路有电	
	2			必须停用重合闸	
	3			保持对地最小距离 0.4m，对邻相导线的最小距离 0.6m，绝缘绳索类工具有效绝缘长度不小于 0.4m，绝缘操作杆有效绝缘长度不小于 0.7m	
	4			必须天气良好条件下进行	
	5			人体严禁串入电路	
	6	防高处坠落类	登高工具不合格及不规范使用登高工具	设专职监护人	
	7			作业前，绝缘斗臂车应进行空斗操作，确认液压传动、升降、伸缩、回转系统工作正常、操作灵活，制动装置可靠	
	8			安全带应系在牢固的构件上，扣牢扣环	
	9			斗内电工应系好安全带，戴好安全帽	

4. 检修流程图

根据检修设备的结构、检修工艺以及作业环境，将检修作业的全过程优化为最佳的检修步骤顺序（见图 16-1-4）。

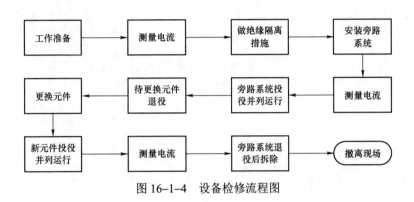

图 16-1-4　设备检修流程图

5. 检修程序与作业标准

（1）开工。

办理开工许可手续前应检查落实的内容，见表 16-1-10。

表 16-1-10　　　　　　　　　　开 工 内 容 与 要 求

√	序号	内　　容
	1	工作负责人核对线路名称、杆号，与当值调度员联系
	2	绝缘斗臂车进入合适位置，装好可靠接地，现场装设围栏
	3	工作负责人召集工作人员交代工作任务，对工作班成员进行危险点告知、交代安全措施和技术措施，确认每一个工作班成员都已知晓，检查工作班成员精神状态是否良好，变动是否合适，并进行抽查、问答，对站班会内容应进行录音
	4	根据分工情况整理材料，对安全工具、绝缘工具进行检查、摇测，查看绝缘臂、绝缘斗是否良好，做好工作前的准备工作
	5	斗内电工戴好安全防护用具，进入绝缘斗内，挂好保险钩

（2）检修项目与作业标准。

按照检修流程，对每一个检修项目，明确作业标准、注意事项等内容，见表 16-1-11。

表 16-1-11   检修项目与作业标准

√	序号	作业内容	作业步骤及标准	安全措施注意事项	作业人员签字
	1	工作准备	选择合适位置停放绝缘斗臂车,接地;斗内电工正确穿戴安全防护用具,进入绝缘斗,系好安全带		
	2	测量电流	斗内电工操作绝缘斗臂车进入工作位置,使用钳形电流表测量电流,确认在绝缘引流线的使用范围内	绝缘臂有效绝缘长度大于 1.0m,保持对地最小距离 0.4m,对邻相导线的最小距离 0.6m,绝缘绳索类工具有效绝缘长度不小于 0.4m,绝缘操作杆有效绝缘长度不小于 0.7m	
	3	做绝缘隔离措施	斗内电工视情况对导线、电杆、横担等做绝缘隔离措施	由近至远、从大到小、从低到高	
	4	安装绝缘引流线	斗内电工安装引流线绝缘支撑杆,清除导线氧化层,安装引流线跨接于柱上隔离开关两侧		
	5	测量电流	斗内电工使用钳形电流表测量绝缘引流线中的电流及柱上隔离开关中的电流,如果两部分电流基本相等,则可以确认为绝缘引流线安装到位		
	6	拉开隔离开关后拆引线	斗内电工使用绝缘操作杆拉开柱上隔离开关,安装绝缘隔离限位挡板,先拆开柱上隔离开关上引线并固定在绝缘撑杆上;将绝缘隔离限位挡板移下,再拆开柱上隔离开关下引线并固定在绝缘撑杆上	防止人体串入电路	
	7	更换隔离开关	斗内电工更换柱上隔离开关		
	8	恢复引线	斗内电工安装绝缘隔离限位挡板,先恢复下引线,后恢复上引线	防止人体串入电路	
	9	合上隔离开关	斗内电工使用绝缘操作杆合上柱上隔离开关		
	10	测量电流	斗内电工使用钳型电流表测量绝缘引流线中的电流及隔离开关的电流,确认新隔离开关安装到位		
	11	拆绝缘引流线	斗内电工拆除绝缘引流线和绝缘支撑杆		
	12	拆绝缘隔离措施	拆除缘隔离措施	由远至近、从小到大、从高到低	
	13	撤离现场	工作负责人检查后,召开现场收工会,人员、工器具撤离现场		

（3）检修记录。

表 16–1–12 规定了配电网带电作业记录的内容，包括设备类别、工作内容、配电网带电作业统计数据等内容。

表 16–1–12　　　　　　　　　带 电 作 业 登 记 表

设备类别	
工作内容	
作业方式	
实际作业时间（h）	
多供电量（kWh）	
工作负责人姓名	
带电人员作业时间（h）	
作业人数	
作业日期	
备注	

（4）竣工。

表 16–1–13 规定了工作结束后的注意事项，如清理工作现场、清点工具、回收材料、填写配电网带电作业记录、办理工作票终结等内容。

表 16–1–13　　　　　　　　　竣 工 内 容 与 要 求

√	序号	内　容
	1	工作负责人全面检查，符合验收规范要求后，记录在册并召开收工会进行工作点评后，宣布工作结束
	2	联系当值调度工作已经结束，工作班撤离现场

6. 验收

表 16–1–14 规定了需要填写的内容，包括记录改进和更换的零部件、存在问题及处理意见、检修单位验收总结评价、运行单位验收意见。

表 16–1–14　　　　　　　　　验 收 记 录

自验收记录	记录改进和更换的零部件	
	存在问题及处理意见	
验收结论	检修单位验收总结评价	
	运行单位验收意见及签字	

由于旁路法作业通常作业步骤、操作程序较多，且前后顺序要求严格，一般为便于现场实际操作，可编写更细化的程序卡。以下为旁路法作业更换台架式柱上三相变压器工作程序卡的编写示例，见表 16-1-15。

表 16-1-15 旁路法作业更换台架式柱上三相变压器工作程序卡编写示例

一、查勘准备	现场查勘，确定各工作点位置	高压柔性电缆接入点 旁路负荷开关安装点 全绝缘配变安置点 低压柔性电缆接入点 高低压相位	已完成（ ） 已完成（ ） 已完成（ ） 已完成（ ） 已完成（ ）
	判别符合变压器临时并列运行条件	接线组别相同 额定变比相同 全绝缘配变容量大于待换配变 分接头相等	已完成（ ） 已完成（ ） 已完成（ ） 已完成（ ）
	测量低压负荷电流	确定旁路系统满足运行要求：I＜400A	低压最高负荷电流（ ）A
二、旁路系统安装	绝缘斗臂车检查，绝缘工器具检查	绝缘斗臂车检查伸缩、升降、回转系统，车辆接地 绝缘工具摇测绝缘 安全防护用具外观检查	已完成（ ） 已完成（ ） 已完成（ ）
	安置全绝缘配变	位置合适，装设围栏	已完成（ ）
	全绝缘配变中性点接地	摇测接地电阻小于4Ω	接地电阻（ ）Ω
	安装旁路负荷开关支架	支架安装牢固，位置合适	已完成（ ）
	安装旁路负荷开关	旁路负荷开关安装牢固，开关处于"分"状态，外壳接地	已完成（ ）
	安装高压柔性电缆固定支架	支架安装牢固，位置合适	已完成（ ）
	展放、固定高压柔性电缆	展放高压柔性电缆，在支架上固定	已完成（ ）
	安装绝缘引流线（上）	将绝缘引流线（上）一端接入旁路负荷开关，另一端固定在支架上，抓手端吊挂在砼杆适当位置	已完成（ ）
	安装低压柔性电缆固定支架	在电杆上安装低压柔性电缆固定支架	已完成（ ）
	展放、固定低压柔性电缆	展放低压柔性电缆，在支架上固定，	已完成（ ）
	安装低压柔性电缆	将低压柔性电缆一端插入低保三相负荷开关，零线插入低压单相负荷开关，抓手端吊挂在砼杆适当位置	已完成（ ）

续表

二、旁路系统安装	安装绝缘引流线（下）	将绝缘引流线（下）一端接入旁路负荷开关，另一端用中间接头连接高压柔性电缆，插入全绝缘配变高压桩头	已完成（ ）
	旁路核相	查看已连接好的旁路系统相位	A—a（ ）B—b（ ）C—c（ ）o（ ）
	旁路系统耐压试验	用5000V绝缘摇表摇测旁路系统绝缘	已完成（ ）
	旁路系统放电	试验结束，对旁路系统放电	已完成（ ）
	分旁路负荷开关、低保三相负荷开关、低压单相负荷开关a	拉开旁路负荷开关 拉开低保三相负荷开关 拉开低压单相负荷开关a	旁路负荷开关已分（ ） 低保三相负荷开关已分（ ） 低压单相负荷开关a已分（ ）
三、旁路系统热备用	旁路高压搭接	做好绝缘隔离措施，将绝缘引流线（上）与主线一一连接	已完成（ ）
	旁路低压搭接	做好绝缘隔离措施，将低压柔性电缆抓手端与主线连接	已完成（ ）
四、旁路系统投役，原配电变压器退役	合旁路负荷开关	合上旁路负荷开关	旁路负荷开关已合（ ）
	旁路系统核相	在低保三相负荷开关两侧核相，全绝缘配变出线端空载电压比待换配电变压器出线端电压差不大于10V（U_n10%）	全绝缘配变出线端空载电压 a-n（ ）b-n（ ）c-n（ ） 待换配变出线电压 a-n（ ）b-n（ ）c-n（ ） 低保三相负荷开关两侧压差 a-a（ ）b-b（ ）c-c（ ）
	合低压单相负荷开关a	合上低压单相负荷开关a	低压单相负荷开关a已合（ ）
	合低保三相负荷开关	合上低保三相负荷开关	低保三相负荷开关已合（ ）
	测负荷电流	测量流过低压柔性电缆、待换配电变压器低压侧的电流强度，判断旁路系统运行正常	旁路系统负荷电流 a（ ）b（ ）c（ ）o（ ） 待换配低压侧负荷电流 a（ ）b（ ）c（ ）o（ ）
	分低保开关	拉开待换配电变压器低保开关	低保开关已分（ ）
	分高压跌落式熔断器	拉开待换配电变压器高压跌落式熔断器，摘下熔丝管并做好标记	高压跌落式熔断器熔丝管已摘（ ）
	分高压隔离开关	拉开待换配电变压器高压隔离开关	高压隔离开关已分（ ）

续表

	低压导线做绝缘隔离	低压导线作绝缘隔离措施	已完成（ ）
	拆低压引线	逐相拆开低压引出线与主线连接，固定	已完成（ ）
	测量零线电流，并安装零线单相负荷开关 b	测量零线电流，确认在单相负荷开关工作范围内，在零线接头两端安装单相负荷开关 b，开关处于分闸状态	零线电流（ ）A 零线单相负荷开关 b 已分（ ）
	合零线单相负荷开关 b	合上零线单相负荷开关 b	零线单相负荷开关 b 已合（ ）
	测量零线电流	测量零线电流，确认单相负荷开关工作正常	已完成（ ）
	拆开零线接头	拆开零线与主线连接	已完成（ ）
	分零线单相负荷开关 b	拉开零线单相负荷开关 b	零线单相负荷开关 b 已分（ ）
	拆配电变压器引线	拆开待换配电变压器高低压两侧各引线连接	高压引线已完成（ ） 低压引线已完成（ ）
五、更换配变	更换配电变压器	指挥吊车更换配电变压器，或安装千斤木后更换配电变压器，必要时需在待换配电变压器上方低压穿档加设绝缘隔离措施，确保对起重工具的安全距离	已完成（ ）
	恢复配电变压器引线连接	将中性点连接线、零线、高低压引线与新配电变压器连接，核相	中性点连接线已完成（ ） 零线连接已完成（ ） 高、低压引线连接已完成（ ） 已核相（ ）
	合零线单相负荷开关 b	合上零线单相负荷开关 b	零线单相负荷开关 b 已合（ ）
	测量零线电流	测量零线电流，确认单相负荷开关工作正常	已完成（ ）
	搭上零线接头	恢复零线与主线连接	已完成（ ）
	分零线单相负荷开关 b	拉开零线单相负荷开关 b	零线单相负荷开关 b 已分（ ）
	拆除零线单相负荷开关 b	拆除零线单相负荷开关 b	已完成（ ）
	搭上低压引线	恢复低压引出线（相线）与主线连接	已完成（ ）
	拆除低压导线绝缘隔离	拆除低压导线绝缘隔离措施	已完成（ ）
六、新配变投役，旁路系统退役	合高压隔离开关	合上高压隔离开关	高压隔离开关已合（ ）
	合高压跌落式熔断器	装上熔丝管，合上高压跌落式熔断器	高压跌落式熔断器已合（ ）
	合低保开关	合上低保开关	低保开关已合（ ）

续表

六、新配变投役，旁路系统退役	测量负荷电流	测量流过低压柔性电缆、新换配变低压侧的电流强度，确认新换配变运行正常	新换配变低压侧负荷电流 a（ ）b（ ）c（ ）o（ ） 旁路系统负荷电流 a（ ）b（ ）c（ ）o（ ）
	分低保三相负荷开关	拉开低压三相负荷开关	低保三相负荷开关已分（ ）
	分低压单相负荷开关 a	拉开低压单相负荷开关 a	已完成（ ）
	分旁路负荷开关	拉开旁路负荷开关	旁路负荷开关已分（ ）
七、拆除旁路系统	拆开低压旁路电缆与导线连接	逐相拆开低压旁路电缆与导线的连接	已完成（ ）
	拆开高压旁路电缆与导线连接	逐相拆开高压旁路电缆与导线的连接	已完成（ ）
	拆除高压旁路柔性电缆	放电后，拆除高压旁路柔性电缆及支架	已放电（ ） 已拆除（ ）
	拆除低压旁路柔性电缆	放电后，拆除低压旁路柔性电缆及支架	已放电（ ） 已拆除（ ）
	拆除旁路系统		已完成（ ）

【思考与练习】

1. 旁路法作业原理应如何表述？

2. 旁路法作业更换柱上负荷开关作业指导书如何编写？

3. 规划思考一份旁路法作业更换 10kV 导线的现场标准化作业指导书或程序卡。

现场条件：3×6 档单回耐张段，耐张段中有一 315kVA 配变台架（低压出线不同杆），两端三角排列直线耐张，中间三角排列棒形绝缘子。

第十七章

10kV 电缆线路带电接空载电缆连接引线作业

▲ 模块 1　10kV 电缆线路带电接空载电缆连接引线作业 （Z58G2002Ⅲ）

【模块描述】本模块包含 10kV 电缆线路带电接空载电缆连接引线作业原理；通过对 10kV 电缆线路带电接空载电缆连接引线作业工艺流程、人员组织措施及安全技术措施介绍，达到了解 10kV 电缆线路带电接空载电缆连接引线作业的基本方法。

【模块内容】

一、作业内容

10kV 电缆线路带电接空载电缆连接引线作业首先要根据作业现场电缆的规格型号和长度，初步估算引接电缆可载电流的大小以便选择合适的工器具，检查待搭接引线电缆的负荷侧开关确在断开位置，与调度联系确认线路重合闸已经停用，做好绝缘隔离措施，三相分别通过合消弧开关、连接电缆引线、断消弧开关等操作接空载电缆，拆绝缘隔离措施，工作终结。

二、作业方法

本模块主要介绍 10kV 电缆线路带电接空载电缆连接引线作业。

三、作业前准备

（一）作业条件

本作业应在良好天气下进行，如遇雷电（听见雷声、看见闪电）、雪、雹、雨、雾、空气相对湿度超过 80%，风力大于 5 级（10m/s）时，一般不宜进行作业。

（二）人员组成

本作业项目作业人员应由具备带电作业资格并审验合格的工作人员所组成，本作业项目共计 4 名。其中工作负责人 1 名（监护人）、斗内电工 2 名、地面电工 1 名。

（三）主要工器具及仪器仪表准备

10kV 电缆线路带电接空载电缆连接引线作业所需主要工器具及仪器仪表 17–1–1。

表 17-1-1 工器具及仪器仪表

√	序号	名称	型号及规格	单位	数量	备 注
	1	绝缘斗臂车		辆	1	绝缘工作平台,机械及电气强度满足安规要求,周期预防性检查性试验合格
	2	安全防护用具		套	2	绝缘袖套,绝缘衣,绝缘手套等,视工作需要,机械及电气强度满足安规要求,周期预防性检查性试验合格
	3	绝缘遮蔽工具		块	若干	绝缘毯,绝缘挡板,绝缘导线罩,绝缘横担等,视工作需要,机械及电气强度满足安规要求,周期预防性检查性试验合格
	4	绝缘绳		条	若干	
	5	绝缘操作杆		根	若干	5000V 绝缘电阻表进行分段绝缘检测,电阻值应不低于 700MΩ,视工作需要,机械及电气强度满足安规要求,周期预防性检查性试验合格
	6	消弧器		套	1	机械及电气强度满足安规要求,周期性试验合格
	7	5000V 绝缘电阻表		只	1	周期性校验合格
	8	高压验电器	10kV	支	1	配高压发生仪 1 只
	9	万用表		只	1	
	10	苫布		块	1	

(四)作业流程图(见图 17-1-1)

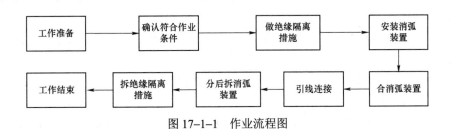

图 17-1-1 作业流程图

四、危险点分析及控制措施

危险点及控制措施见表 17-1-2。

表 17-1-2   危险点分析及控制措施

√	序号	防范类型	危险点	预防控制措施
	1	防触电	人身触电	1）作业过程中，不论线路是否停电，都应始终认为线路有电。 2）确定作业线路重合闸已退出。 3）保持对地最小距离 0.4m，对邻相导线的最小距离 0.6m，绝缘绳索类工具有效绝缘长度不小于 0.4m，绝缘操作杆有效绝缘长度不小于 0.7m。 4）必须天气良好条件下进行
	2	高空坠落	1）登高工具不合格及不规范使用登高工具。 2）绝缘斗臂车倾覆	1）设专职监护人。 2）安全带应系在牢固的构件上，扣牢封闭环。 3）斗内作业人员应系好安全带，戴好安全帽，检查安全带应安全完好。 4）严格按操作规程操作绝缘斗臂车，作业前空斗操作一次确认斗臂车可正常操作

五、操作过程

1. 现场操作前的准备

（1）工作负责人应按带电作业工作票内容与当值调度员联系。

（2）工作负责人核对线路名称、杆号编号。

（3）绝缘斗臂车进入合适位置，并可靠接地，根据道路情况设置安全围栏、警告标志或路障。

（4）工作负责人召集工作人员交代工作任务，对工作班成员进行危险点告知、交代安全措施和技术措施，确认每一个工作班成员都已知晓，检查工作班成员精神状态是否良好，人员是否合适。

（5）根据分工情况整理材料，对安全用具、绝缘工具进行检查，绝缘工具应使用绝缘检测仪进行分段绝缘检测，绝缘电阻值不低于 700MΩ（在出库前如已测试过的可省去现场测试步骤）。

（6）查看绝缘臂、绝缘斗良好，调试斗臂车（在出车前如已调试过的可省去此步骤）。

（7）斗内电工戴好手套，进入绝缘斗内，挂好保险钩。

2. 操作步骤

（1）确认作业条件。检查作业点后段无相间短路、接地，采取人员现场确认检查形式。

（2）确认空载电缆满足现场作业需求。

（3）用万用表测量电缆终端引线相间以及相对地之间的绝缘电阻，确认电缆无短接、接地现象。

（4）测量引线长度，制作引线电缆终端头。

（5）斗内电工操作绝缘斗至内边相合适位置，设置主导线内边相绝缘遮蔽隔离措施。

（6）斗内电工操作绝缘斗至外边相合适位置，设置主导线外边相绝缘遮蔽隔离措施。

（7）斗内电工操作绝缘斗至合适位置，设置电杆绝缘遮蔽隔离措施。

（8）斗内电工操作绝缘斗至合适位置，将电缆终端装头固定在接续的对应引电线下面。

（9）搭接电缆中间相终端引线。

1）斗内电工确认消弧器上的消弧开关和小闸刀处于分闸位置，相互配合将消弧器跨接电缆与导线，固定跨接线，检查确认。

2）合上消弧开关。

3）确认消弧开关已在合闸位置并检测电流。

4）斗内电工调整绝缘斗位置，搭接引线。

5）拉开消弧开关。

6）确认消弧开关已在分闸位置。

7）取下消弧开关。

（10）搭接电缆外边相终端引线。

（11）恢复完善外边相绝缘遮蔽隔离措施。

（12）搭接电缆内边相终端引线。

（13）恢复完善内边相绝缘遮蔽隔离措施。

（14）斗内电工操作绝缘斗至合适位置，拆除电杆、电缆终端引线绝缘遮蔽隔离措施。

（15）工作验收。

（16）撤离现场。

【思考与练习】

1. 10kV 电缆线路带电接空载电缆连接引线作业工具有哪些？

2. 叙述 10kV 电缆线路带电接空载电缆连接引线的作业流程图。

3. 叙述 10kV 电缆线路带电接空载电缆连接引线的作业步骤。

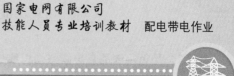
第十八章

10kV 环网柜临时取电给移动箱变供电作业

▲ 模块 1　10kV 环网柜临时取电给移动箱变供电作业 （Z58G2003 Ⅲ）

【模块描述】本模块包含 10kV 环网柜临时取电给移动箱变供电作业原理；通过对 10kV 环网柜临时取电给移动箱变供电作业工艺流程、人员组织措施及安全技术措施介绍，达到了解 10kV 环网柜临时取电给移动箱变供电作业的基本方法。

【模块内容】

一、作业内容

本模块主要介绍 10kV 环网柜临时取电给移动箱变供电。

二、作业方法

10kV 环网柜临时取电给移动箱变供电作业首先要根据作业现场选择适当位置停放箱变车、布缆车，展放旁路低压电缆，展放旁路高压电缆，旁路电缆试验，连接旁路低压电缆与用户低柜连接，旁路高压电缆与环网柜连接，倒闸操作对移动箱变车高压、低压分别送电，确认给用户供电，工作终结。

三、作业前准备

（一）作业条件

本作业应在良好天气下进行，如遇雷电（听见雷声、看见闪电）、雪、雹、雨、雾、空气相对湿度超过 80%，风力大于 5 级（10m/s）时，一般不宜进行作业。

（二）人员组成

本作业项目作业人员应由具备带电作业资格并审验合格的工作人员所组成，本作业项目共计 8 名。其中工作负责人 1 名（监护人）、专责监护人 1 名、地面电工 6 名。

（三）主要工器具及仪器仪表准备

10kV 环网柜临时取电给移动箱变供电作业所需主要工器具及仪器仪表 18−1−1。

表 18-1-1 工 器 具 及 仪 器 仪 表

√	序号	名称	型号及规格	单位	数量	备 注
	1	绝缘绳		条	若干	5000V 绝缘电阻表进行分段绝缘检测,电阻值应不低于 700MΩ,视工作需要,机械及电气强度满足安规要求,周期预防性检查性试验合格
	2	绝缘操作杆		根	若干	5000V 绝缘电阻表进行分段绝缘检测,电阻值应不低于 700MΩ,视工作需要,机械及电气强度满足安规要求,周期预防性检查性试验合格
	3	绝缘手套		副	1	机械及电气强度满足安规要求,周期预防性检查性试验合格
	4	应急旁路箱变车		辆	1	机械及电气强度满足安规要求,周期预防性检查性试验合格
	5	应急旁路布缆车		辆	1	机械及电气强度满足安规要求,周期预防性检查性试验合格
	6	电流检测仪		套	1	周期性校验合格
	7	接地电阻表		只	1	周期性校验合格
	8	低压交流核相仪		台	1	周期性校验合格
	9	5000V 绝缘电阻表		只	1	周期性校验合格
	10	直流耐压试验仪		套	1	周期性校验合格
	11	苫布		块	1	

（四）作业流程图（见图 18-1-1）

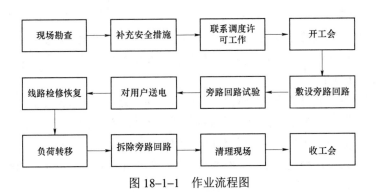

图 18-1-1　作业流程图

四、危险点分析及控制措施

10kV 环网柜临时取电给移动箱变供电作业危险点及控制措施见表 18-1-2。

表 18–1–2   危险点分析及控制措施

√	序号	防范类型	危险点	预防控制措施
	1	防触电	人身触电	1）作业过程中，不论线路是否停电，都应始终认为线路有电。 2）停用重合闸。 3）保持对地最小距离 0.4m，对邻相导线的最小距离 0.6m，绝缘绳索类工具有效绝缘长度不小于 0.4m，绝缘操作杆有效绝缘长度不小于 0.7m。 4）必须天气良好条件下进行。 5）旁路电缆充分放电
	2	防误操作	误操作	环网柜操作按规程规定操作

五、操作过程

1. 现场操作前的准备

（1）工作负责人应按带电作业工作票内容与当值调度员联系。

（2）工作负责人核对线路名称、杆号，设备的名称。

（3）工作前工作负责人检查现场实际状态。

（4）根据道路情况设置安全围栏、警告标志或路障。

（5）工作负责人召集工作人员交代工作任务，对工作班成员进行危险点告知、交代安全措施和技术措施，确认每一个工作班成员都已知晓，检查工作班成员精神状态是否良好，人员是否合适。

（6）根据分工情况整理材料，对安全用具、绝缘工具进行检查，绝缘工具应使用 2500V 绝缘电阻表或绝缘测试仪进行分段绝缘检测，绝缘电阻值不低于 700MΩ（在出库前如已测试过的可省去现场测试步骤）。

2. 操作步骤

（1）选择适当位置停放箱变车、布缆车，并安装移动箱变车接地线。

（2）根据地面情况，预先敷设电缆保护帆布和电缆保护地板等器具，对电缆进行不同程度的保护遮蔽。

（3）将箱变车旁路低压电缆放至用户低压柜连接处，并加以固定。

（4）将旁路低压电缆与箱变车低压负荷开关接线端头连接。

（5）展放旁路高压电缆并将旁路高压电缆放入预先敷设好的电缆保护器具中。

（6）作业人员按相色逐相将旁路高压电缆与箱变车的高压进线端头进行连接。

（7）工作人员对旁路高、低压电缆进行绝缘测试。

（8）拆除用户低压柜原进线，并将箱变车旁路低压电缆与用户低压柜按原相位正确连接。

（9）将可取电环网柜备用间隔转检修状态，将旁路高压电缆接头与可取电环网柜备用间隔连接。连接完成后该间隔转备用状态。

（10）检查确认旁路配变系统连接均已准确可靠。

（11）对移动箱变车进行送电操作：

1）合上环网柜备用间隔内开关，转运行状态。

2）合上箱变车高压负荷开关。

3）合上箱变车低压负荷开关。

4）合上用户低压柜开关。

（12）核对用户处相位（电机运转正常）。

（13）监测低压侧电流强度，确认给用户供电。

（14）对移动箱变车进行旁路系统撤除运行操作：

1）断开用户低压柜开关。

2）断开箱变车低压负荷开关。

3）断开箱变车高压负荷开关。

4）断开环网柜间隔开关，转备用状态。

（15）将环网柜间隔转检修状态，此同时对旁路高压电缆进行充分放电。

（16）工作人员将高压旁路电缆与环网柜的连接拆除，拆除完成后环网柜间隔转备用状态.。

（17）工作人员拆除箱变车旁路低压电缆与用户低压柜的连接,拆除箱变车接地线。

（18）拆除旁路电缆，回收至车内卷盘上。

（19）将现场各段用于保护电缆的遮蔽工具和安全围栏等收回、装车。

【思考与练习】

1. 10kV 环网柜临时取电给移动箱变供电作业工具有哪些？

2. 叙述 10kV 环网柜临时取电给移动箱变供电的作业流程图。

3. 叙述 10kV 环网柜临时取电给移动箱变供电的作业步骤。

第十九章

配电网带电作业新工艺

▲ 模块1　配电网带电作业新工艺（Z58H1032Ⅲ）

【模块描述】本模块包含配电带电作业新技术、新设备、新工艺的推广使用。通过方法介绍，了解如何在班组中开展配电带电作业新技术、新工艺、新知识的应用。以旁路法作业更换导线工作为例。

【模块内容】

常规配网带电作业通常局限于业扩和抢修等工作，其效能、作用还没有完全发挥，针对"常规的配网大修工作还是需要停电进行"的现状，若应用旁路法开展大型配电网带电作业，将大大减少配网线路检修的大面积停电时间，所谓特殊项目主要是相对常规典型带电作业项目和简单的旁路法作业而言，旁路器材投入大，作业程序步骤复杂，操作程序要求严格，作业开展频率较低。

旁路法作业更换导线属大型配网带电作业，按使用的旁路系统可简单地分为普通电缆旁路法作业和全绝缘柔性电缆旁路法作业两类。顾名思义，普通电缆旁路法作业主要使用常规聚氯乙烯绝缘、聚氯乙烯护套电力电缆作为旁路通道，缺点是更换有分支线的耐张段时比较麻烦，需要另外放一条电缆从电源点接入，旁路系统的通用性比较差，使用的人员以及安装的难度比较大；优点是绝大多数旁路元件可以直接使用常规工程材料。全绝缘柔性电缆旁路法作业使用专用的旁路柔性电缆、负荷开关，缺点是一次性投资比较大，器材使用率较低；优点是安装相对简便，通用性较强，使用该方法，10kV配电线路绝大多数工作都可以实现不停电综合检修。

开展旁路法作业更换导线，应将之视为系统工程，综合考虑现场的协调组织措施，特别是核相、测电流和操作工作，对程序要求不能出错，有些环节必须严格按顺序执行，最好将整项工程编制成程序卡，逐项打钩，以免忙中出错。对作业人员要事先进行严格的训练，在现场施工时应集中注意力，严格服从工作负责人的统一指挥。

以下仅介绍全绝缘柔性电缆旁路法作业更换导线。

1. 作业内容

更换 10kV 架空线路导线及其间设备（可包含分支线）。

2. 作业方法

绝缘手套作业法。

作业组成部分：

（1）线路运行状态下预展放旁路柔性电缆，安装旁路负荷开关。

（2）搭上绝缘引流线（上），拆开耐张引线，负荷电流转移至旁路系统。

（3）安装绝缘组合拉线，更换导线，压接引线设备线夹。

（4）搭上耐张引线，拆开绝缘引流线（上），拆除旁路系统。

3. 工器具及材料准备

全绝缘柔性电缆旁路法作业更换导线工器具及材料准备见表 19-1-1。

表 19-1-1　　全绝缘柔性电缆旁路法作业更换导线主要工器具及材料

序号	名　称		型号/规格	单位	数量	备　注
1	绝缘工具	绝缘绳		条	若干	
2		绝缘杆		根	若干	5000V 绝缘电阻表进行分段绝缘检测，2cm 电极间电阻值应不低于 700MΩ，视工作需要
3		绝缘斗臂车		辆	2	绝缘工作平台
4		绝缘遮蔽工具		块	若干	绝缘毯、绝缘挡板、绝缘导线罩等，视工作需要
5	防护用具	安全防护用具		套	4	绝缘袖套、绝缘服、绝缘手套等，视工作需要
6	旁路系统（参见图 ZY0800210007-1）	柔性电缆	8.7/15kV, 35 或 50mm²	盘	若干	每盘 30～60m，正常允许温度 100℃
7		旁路负荷开关	SF₆, 12kV, 400A	台	2	
8		核相仪		只	2	
9		支线旁路柱上隔离开关		台	若干	常规柱上隔离开关
10		柔性电缆展放装置		套	1	
11		柔性电缆牵引装置		套	1	
12		柔性电缆直线固定装置		台	若干	

序号	名 称		型号/规格	单位	数量	备 注
13		绝缘引流线（上）		根	6	旁通辅助电缆，连接导线和旁路负荷开关
14		绝缘引流线（下）		根	6	旁通辅助电缆，连接旁路负荷开关和柔性电缆
15		柔性电缆连接器	8.7/15kV，200A	只	若干	
16	旁路系统（参见图ZY0800210007-1）	柔性电缆 T 型连接器	8.7/15kV，200A	只	若干	
17		绝缘承力绳固定器		台	1	
18		绝缘承力绳		m	若干	
19		绝缘牵引绳		m	若干	
20		领线滑车		只	若干	
21		滑车牵引绳	2m	根	若干	
22	其他工具	卷扬机		台	1	
23		钳形电流表		只	1	测量电流，视工作需要
24		绝缘电阻表	5000V	只	1	
25	其他工具	电动液压机		把	2	
26		对讲机		只	若干	
27		防潮布		块	若干	
28	所需材料					视检修工作需要

注 绝缘工器具的机械及电气强度均应满足《国家电网公司电力安全工作规程（线路部分）》要求，预防性、检查性试验合格，旁路负荷开关、旁路柔性电缆和旁路连接器等主要设备的技术要求、试验方法和检验规则等可参见 Q/GDW 249—2009《10kV 旁路作业设备技术条件》。

旁路系统部分工具图如图 19-1-1 所示。

（一）线路运行状态下预展放旁路柔性电缆，安装旁路负荷开关

核对更换线路导线所带负荷，线路电流不大于 200A，确定旁路柔性电缆截面合适、安全后，提前半个工作日展放柔性电缆、安装旁路负荷开关，完成电缆与旁路负荷开关的连接，核对两侧相位一致，并保持旁路负荷开关处于分闸状态。进行电缆试验，确保电气性能满足要求。

人员组成：工作负责人 1 名，专职监护人 1 名，其他电工若干。

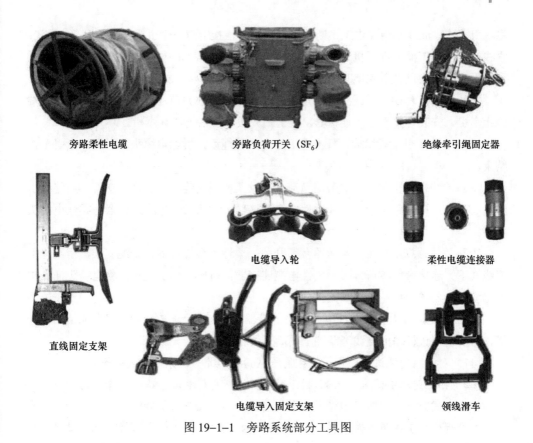

旁路柔性电缆　　　　旁路负荷开关（SF$_6$）　　　绝缘牵引绳固定器

电缆导入轮　　　　　柔性电缆连接器

直线固定支架

电缆导入固定支架　　　领线滑车

图 19-1-1　旁路系统部分工具图

现场操作步骤：

（1）作业现场合适位置（一般为耐张杆）安放电缆支架，柔性电缆盘，开始安装牵引系统。

（2）紧线端耐张杆上安装绝缘承力绳紧线器及其支架，并安装反向临时拉线。地面安置卷扬机和绝缘牵引绳盘；放线端耐张杆上安装电缆导入固定支架，地面组装绝缘承力绳固定支架；直线杆上安装直线固定支架。

（3）地面电工展放绝缘承力绳、绝缘牵引绳；直线杆上电工将绝缘承力绳、绝缘牵引绳放入直线固定支架；紧线端耐张杆上电工用紧线器收紧绝缘承力绳，地面电工将绝缘牵引绳绕入卷扬机。

（4）放线端地面电工组装柔性电缆，将三相电缆头固定牢靠，拴上牵引绳，纳入固定支架，挂上承力绳，后段再挂上 3 只领线滑车备用。

（5）牵引系统安装完毕，两端地面电工在工作负责人统一指挥下进行旁路柔性电缆牵引工作；放线端地面电工不断挂上领线滑车，拴上滑车牵引绳，绳长以 2m 为宜；紧线端地面电工操作卷扬机匀速牵引，遇有情况立即停车，与工作负责人联系后再继续牵引；电缆头过杆上支架时需密切注意，切忌卡住。

（6）牵引过程中，放线端地面电工在一段电缆快放完前，通知工作负责人紧线端停止牵引，安装好柔性电缆连接器，接上另一段电缆后再继续牵引。

（7）电缆牵引至紧线端，杆上电工拴上防滑绳后，拆除电缆头牵引绳，牵引工作结束。

（8）紧线端杆上电工安装旁路负荷开关、柔性电缆连接器、余缆支架，用绝缘引流线（下）连接旁路负荷开关和柔性电缆连接器，并将柔性电缆连接器与柔性电缆头连接。

（9）放线端杆上电工安装旁路负荷开关、柔性电缆连接器、余缆支架，用绝缘引流线（下）连接旁路负荷开关和柔性电缆连接器，待电缆牵引完毕，将电缆头插入柔性电缆连接器，余缆纳入余缆支架。

（10）在支接杆上安装柔性电缆 T 形连接器，在支线上再放一段旁路电缆至相邻杆塔，与安装在该杆塔的支线旁路柱上隔离开关相连。

（11）对旁路电缆进行核相、工频耐压试验。至此旁路系统安装完毕。

（二）搭上绝缘引流线（上），拆开耐张引线，负荷电流转移至旁路系统

作业方式：绝缘斗臂车绝缘手套作业法。

人员组成：工作负责人 1 名，专职监护人 1～2 名，斗内电工 4 名，地面电工 6～10 名，共分三个作业小组，两个小组分别负责两端的断引工作，一个小组负责支线旁路柱上隔离开关的操作。

现场操作步骤：

（1）斗内电工操作绝缘斗臂车进入作业位置，将旁路负荷开关绝缘引流线（上）、支线旁路柱上隔离开关上引线与导线连接。此时旁路负荷开关和支线旁路柱上隔离开关处于"分"闸状态。

（2）工作负责人在得知旁路系统连接均已准确可靠后，先通知一侧斗内电工合上旁路负荷开关，然后通知另一侧作业人员核相，确认无误后，再命令合上另一侧的旁路负荷开关及支线旁路柱上隔离开关。

（3）工作人员分别测量流过旁路负荷开关、支线旁路柱上隔离开关、导线的电流并汇报工作负责人。

（4）工作负责人比较导线及旁路系统电流，确认正常无误后，命令斗内电工对旁路范围内的耐张横担、绝缘子、引线进行绝缘隔离，分别拆开耐张引线，并对引线重新进行绝缘隔离，同时还必须对支线导线作绝缘隔离措施。至此负荷电流已全部转移至旁路系统，可以进行更换导线的工作。

安全措施及注意事项：

（1）旁路电缆必须在施工前核准相位并做好相应相色标志；一侧旁路负荷开关合上后，其他旁路负荷开关、支线旁路柱上隔离开关只有在电气核相完成并确认无误后，方可在工作负责人的指挥下合闸。

（2）因旁路电缆的接入，先解开的一端应始终保持足够的对地距离和对邻相的线间距离，只有当所有耐张均拆开后，方可认为该耐张段架空线路退出运行。支线可拉开原有的隔离开关开关，防止倒供。

（3）斗内电工作业中需注意保持对地 0.4m、相间 0.6m 的最小安全距离，绝缘工具有效绝缘长度不少于 0.7m。

（4）绝缘斗臂车工作前必须检查伸缩、回转、升降系统，发动机不得熄火以保证液压系统处于随时可工作状态，车体应可靠接地，斗臂操作要平稳，不得大幅晃动。绝缘斗臂车绝缘臂有效绝缘长度大于 1.0m。

（三）安装绝缘组合拉线，更换导线，压接引线设备线夹

人员组成：工作负责人 1 名，专职监护人 1 名，斗内电工 4 名，杆上电工若干，地面电工若干，共分两个作业小组。

现场操作步骤：

（1）两侧斗内电工分别在地面电工的配合下，安装绝缘组合拉线。

（2）直线杆加装临时接地线，将导线移入金属滑车内。

（3）按常规配电架空线路作业法更换导线。

安全措施及注意事项：

（1）斗内电工作业中需注意保持对地 0.4m、相间 0.6m 的最小安全距离，绝缘工具有效绝缘长度不少于 0.7m。

（2）绝缘斗臂车工作前必须检查伸缩、回转、升降系统，发动机不得熄火以保证液压系统处于随时可工作状态，车体应可靠接地，斗臂操作要平稳，不得大幅晃动。绝缘斗臂车绝缘臂有效绝缘长度大于 1.0m。

（3）严禁采用突然开断导线的方式松线。

（4）新导线架线工作结束后，应随即拆除绝缘组合拉线。

（四）搭上耐张引线，拆开绝缘引流线（上），拆除旁路系统

作业方法：绝缘斗臂车绝缘手套作业法。

人员组成：工作负责人 1 名，专职监护人 1 名，斗内电工 4 名，地面电工若干。

现场操作步骤：与第二部分操作步骤相反。

安全措施及注意事项：

（1）拆除旁路电缆时应先放电，然后才允许接触。

（2）其他安全措施及注意事项与前面相同。